别在生存中忘记了生活

秩　妍 ◎ 编著

中国华侨出版社

图书在版编目（CIP）数据

别在生存中忘记了生活/秩妍编著．—北京：中国华侨出版社，
2012.3
ISBN 978－7－5113－1756－8

Ⅰ.①别…　Ⅱ.①秩…　Ⅲ.①人生哲学－通俗读物
Ⅳ.①B821－49

中国版本图书馆 CIP 数据核字（2012）第 029798 号

●别在生存中忘记了生活

编　著/秩　妍
责任编辑/尹　影
封面设计/中侨智杰
经　销/新华书店
开　本/710×1000 毫米　1/16　印张 18　字数 220 千字
印　刷/北京溢漾印刷有限公司
版　次/2012 年 5 月第 1 版　2012 年 5 月第 1 次印刷
书　号/ISBN 978－7－5113－1756－8
定　价/32.00 元

中国华侨出版社　　北京朝阳区静安里 26 号通成达大厦 3 层　　邮编 100028
法律顾问：陈鹰律师事务所
编辑部：（010）64443056　　64443979
发行部：（010）64443051　　传真：64439708
网　址：www.oveaschin.com
e-mail：oveaschin@sina.com

前言

　　曾经听过这样一句话：像蜜蜂一样生存，像蝴蝶一样生活。在万花竞放的美丽季节，勤劳的蜜蜂不知疲倦地飞奔于花丛中，采集花朵酿成醇香的蜂蜜，除了日常所用之外，它们把这些蜂蜜储存起来过冬。可以说，蜜蜂是生存的强者，但却不免少了些快乐的色彩。而同样在姹紫嫣红的季节，蝴蝶自由地穿梭于天地之间，和花儿说话、和鸟儿嬉戏，那是多么快乐啊，但它们却忍受不了冬季的寒冷。可以说，蝴蝶是生活的艺术家，但却并不长久。作为万物灵长的人类，我们不能像蜜蜂那样只知道工作和生存，也不能像蝴蝶那样一味地玩耍，而是应该将二者结合起来，那就是：像蜜蜂一样生存，像蝴蝶一样生活。

　　求生是一切生物的本能。在这个世界上，我们要获得成功、要获得幸福，前提就是必须有生存的能力。如果连生存都不能保证，其他的所有都是空想。所以，生存是生活的基础和前提。但这并不意味着一切都要以生存为中心，因为人是有思想、有感情的动物，这是人区别于其他生物的关键。对人类而言，生存是根本，但生活才是重心。只有真真切切地体验到世间美好的一切，尝遍酸甜苦辣后才能够了解生命的真正价值和意义。因此，生存是为了更好地生活。

但是，很多人却把生存当做了人生的重心，在生存中忘记了生活，他们说：人活着不就为了一张嘴吗……在这种思想的指引下，他们忘记了生活本应该色彩斑斓，他们将自己的生命涂成单一的色彩，每天只知道工作、吃饭、睡觉……我们经常会从各种媒体上看到有关"过劳死"的报道，有的人为了生存而成为工作狂，不顾体能限制而拼命地加班，为的就是多赚点儿加班费。加班费是赚到了，但却没有时间去享受了，这才是最大的遗憾。

人生应该是诗意的栖居。不管是市井百姓还是文人雅士，其实都是需要兼顾生存和生活的，任何一方面都不能偏废。而在当今竞争激烈的社会大背景下，太多人忽视了去体验生活，因此在这里要呼吁：不要在生存中忘记了生活。

幸福以物质为基础，但却来源于良好的心态，不少人感叹最大的遗憾就是没有感觉到幸福。不妨让自己匆匆的脚步慢下来，给自己一点儿时间看看周围的事物、听听大自然的声音，不要为过多的物质所累。从紧张的工作中脱身而出，多一点儿时间陪陪家人，多一点儿时间和内心对话。希望本书能够成为你人生道路上的"提醒灯"，让你在忙碌辛苦的工作中记住沉淀自己的内心，体验到生命的快乐和美好。

目录

第一章　幸福源于良好的心态

　　现代社会发展日新月异，每个身处其中的人都会感到生存的压力。很多人为了生存终日奔波，在职场、官场、商场打拼着。无论是正在打拼中的还是已经取得一定成就的，大多数人并没有感到幸福，他们觉得自己只是在生存，而不是生活。生活以生存为基础，但是幸福感却来源于良好的心态。

目录 Contents

第二章　让匆匆的脚步慢下来

在现实的压力下，每个人都有着自己的目标，为了自己的目标不懈地努力，但是在实现目标的道路上，很多人都是行色匆匆，甚至透支自己的精力。其实，人生是一趟旅程，到达终点固然重要，但旅途的过程更为重要，因为人生本来就是一个过程。不妨让匆匆的脚步慢下来，用心去体会生活中的快乐，把自己从紧张的节奏中解放出来。

第三章　劳逸结合，让紧张的状态得以缓冲

　　工作中，我们经常可以看到一些人把自己弄得跟发条一样，每时每刻都处于紧张的状态，其实这种工作方式并不可取。万事万物都有自己的规律，而人体也需要通过休息来补充工作消耗的能量，如果只消耗而不补充，迟早会造成失调。所以我们应该注意劳逸结合，让自己紧张的状态得以缓冲，只有这样才能提高工作效率。

目录 Contents

第四章　别让欲望迷住了你的眼睛

当今社会，追名逐利成为很多人一生的选择。在各种欲望的诱惑下，很多人失去了快乐，失去了自我空间，甚至失去了自我。通过努力却没有得到名利的人，他们一蹶不振、自怨自艾；而最终得到名利的人，到头来发现名利不过是过眼云烟。名利和欲望并不是人生的最终追求，因此我们必须树立正确的金钱观，控制自己的贪欲，别让欲望迷住了自己的眼睛。

第五章　做自己生活的掌控者

　　每个人都有自己的生活，但不是每个人都能掌控自己的生活。有的人成了生活的奴隶，在现实的压力下终日忙碌，却不知道生活的意义是什么。不妨从这繁琐中解脱出来，审视一下自己的现状，看自己有没有协调好生活的各个方面：你是否能够高效管理自己的时间、是否能够看透得与失？学会独处，给自己一个私有的空间，聆听内心深处的声音。

目录 Contents

第六章　感情是种还不起的债

　　无论什么时候事业都能重新开始，而感情却不能。当你终日忙于工作、为事业打拼的时候，其实你已错过了和家人在一起的美好时光。即使你最后功成名就，可能你的父母已经离你而去，可能你的婚姻已经面临崩溃，可能你的孩子已经成为问题学生……这一切都是无法用金钱去弥补的。一定要记住，感情是种还不起的债，不要做让自己以后感到后悔的事。

第七章　放下固执才会天地宽

　　我们都知道坚持到底的道理，但我们坚持的必须是正确的道路，必须是自己真正喜欢的东西。在一条错误的道路上所谓的"坚持"，不过是固执而已，最后只能南辕北辙，离自己的目标越来越远。人生不止一条路，条条大路通罗马，当你发现自己真正所求的东西时，放下自己的固执，谁说半途而废就一定不会走向成功？

第八章　健康是最宝贵的财富

身体是革命的本钱，健康是幸福的基础，健康包括生理和心理两方面。现今社会，在巨大的生存压力下，很多人只顾拼命向前，却忽视了自己的健康。有的人早早就有了职业病，甚至出现了"过劳死"，这都是不容忽视的健康问题。心理健康也同样重要，不会舒缓内在的压力，心理就会失衡，进而觉得生活是那样的累。

第一章
幸福源于良好的心态

现代社会发展日新月异，每个身处其中的人都会感到生存的压力。很多人为了生存终日奔波，在职场、官场、商场打拼着。无论是正在打拼中的还是已经取得一定成就的，大多数人并没有感到幸福，他们觉得自己只是在生存，而不是生活。生活以生存为基础，但是幸福感却来源于良好的心态。

1. 幸福总是伴着好心态

幸福是一种内心的满足感，是一种难以形容的甜美感受，它与金钱与地位都无关，你拥有良好的心态，就可以触摸到它。

一个充满忌妒的人是不可能体会到幸福的，因为他的不幸和别人的幸福都会使他自己万分难受。

一个虚荣心极强的人是不可能体会到幸福的，因为他始终在满足别人的感受，从来不考虑真实的自我。

一个贪婪的人是不可能体会到幸福的，因为他的心灵一直都在追求，而根本不会去感受。

幸福是不能用金钱去购买的，它与单纯的享乐格格不入。比如你正在大学读书，每月只有七八十元钱，生活相当清苦，却十分幸福。过来人都知道，同学之间时常小聚，一瓶二锅头、一盘花生米、半斤猪头肉就会有说有笑，彼此交流读书心得、畅谈理想抱负，那种幸福感至今仍刻骨铭心，让人心驰神往。昔日的那种幸福，今天无论花多少钱都难以获得。

一群西装革履的人吃完鱼翅鲍鱼，笑眯眯地从五星级酒店里走出来时，他们的感觉可能是幸福的。而一群外地民工在路旁的小店里就着几碟小菜，喝着啤酒、说说笑笑，你能说他们不幸福吗？

因此，幸福不能用金钱的多少去衡量，一个人很有钱，但不见

2

得很幸福，因为他或者正担心别人会暗地里算计他，或者为取得更多的钱而处心积虑。许多人都在追求金钱，认为有了钱就可以得到一切，那只是傻子的想法。

其实，幸福并不仅仅是某种欲望的满足，有时欲望满足之后，体验到的反而是空虚和无聊，而内心没有忌妒、虚荣和贪婪，才可能体验到真正的幸福。

湖北的一个小县城里有这样一家人，父母都老了，他们有3个女儿，只有大女儿大学毕业有了工作，其余的两个女儿还都在上高中，家里除了大女儿的生活可以自理外，其余人的生活压力都落在了父亲肩上，但这一家人每个人的感觉都是快乐的。晚饭后，两个女儿都去了学校上自习，她们不用担心家里的任何事，父母则一同出去散步、和邻居们拉家常。到了节日，一家人团聚到一块儿，更是其乐融融。家里时常会传出孩子们的打闹声、笑声，邻居们都美慕地说："你们家的几个闺女真听话，学习又好。"这时父母的眼里就满是幸福的笑。其实，在这个家里，经济负担很重，两个女儿马上就要考大学，需要一笔很大的开支，家里又没有一个男孩子做顶梁柱，但女儿们却能给父母带来快乐，也很孝敬，父母也为女儿们撑起了一片天空，让她们在飞出家门之前不会感受到任何凄风冷雨，所以他们每个人都是快乐和幸福的。

古人李渔说得好："乐不在外而在心，心以为乐，则是境皆乐；心以为苦，则无境不苦。"意思是：一个人是否幸福不在于自己外在情况怎样，而在于内在的心态。如果你有一个好心态，即使是日

常小事，你也会从中获得莫大的幸福；倘若你心态不好，那么任何事情都会让你感到痛苦。

苏轼说："月有阴晴圆缺，人有悲欢离合，此事古难全。"既然"古难全"，为什么你不去想一想让自己快乐的事，而去想那些不快乐的事？一个人是否感觉幸福，关键在于自己的心态。

法国雕塑家罗丹说过："对于我们的眼睛，不是缺少美，而是缺少发现。"生活里有着许许多多的美好、许许多多的快乐，关键在于你能不能发现它。

如果今天早上你起床时身体健康，没有疾病，那么你比其他许多人都更幸运，因为他们甚至看不到下周的太阳了。

如果你从未尝试过战争的危险、牢狱的孤独、酷刑的折磨和饥饿的滋味，那么你的处境比其他许多人更好。

如果你能随便进出教堂或寺庙而没有被恐吓、暴行和杀害的危险，那么你比其他许多人更有运气。

如果你在银行里有存款，钱包里有票子、盒里有零钱，那么你便属于世上8%最幸运之人。

如果你父母双全，没有离异，且同时满足上面的这些条件，那么你的确是那种很幸福的人。

所以，去工作而不要以挣钱为目的。

去爱而忘记所有别人对你的不是。

去跳舞而不管是否有他人关注。

去唱歌而不要想着有人在听。

去生活就想这世界便是天堂。

这样，你就会发现生活中其实你也很幸福。

2. 心态决定你的行为

　　人的行为常常由心态来决定。好心态决定正确的行为，坏心态决定错误的行为。

　　成功需要勇气和信心，它有助于我们去面对所处的困难和挑战，调动起我们的一切能力。然而，当我们对某件事作决定时，心态就一定要平和宁静。此时我们不需要勇气和信心，也不需要所谓的积极心态和消极心态，而只需要把心态调整到一种恰当的状态。这是一种什么状态呢？就是一种心平气和、不急不躁的和谐状态——既不自卑也不自信，既不犹豫也不冒进，既不积极也不消极。只有在这种心态之下，我们才能敏锐地观察出客观问题的特点，才能准确地判断出事情的变化，才能够真正地作出正确的决策。

　　但是，如果我们不能将心态调整到这一状态，我们对外界形势的判断就会受主观心态的影响，就不能够做到客观地判断，结果就会给自己造成极大的损失。

　　第二次世界大战时期，德国的纳粹分子曾进行了一次触目惊心的心理实验，他们声称将以一种特殊的方式来处死人，这种方式就

第一章　幸福源于良好的心态

5

是抽干人身上的血液。实验那天,他们从集中营挑选了两个人,一个是牧师,另一个是普通工人。纳粹士兵将两人分别捆绑在床上,用黑布蒙住他们的双眼,然后将针头扎进他们的手臂,并不时地告诉他们:现在,你已经被抽了多少升血了,你的血将在多少时间内被抽干。其实,纳粹士兵并没有真的抽他们的血,只是在他们的手臂上扎进了一支空针头。结果,工人的面部不断抽搐,脸色变得惨白,渐渐地在惊恐万状中死去,而那位牧师却始终神情安详,死神没有夺取他的生命,他活了下来。

从这个实验中,你也许会对这两个人的不同命运产生疑问。但当人们问起牧师当时的感想时,牧师回答说:"我的内心很平静,我不害怕,我问心无愧,我心想,即使死了,我的灵魂也会进入天堂。"可见,在实验进行过程中,两个人都面临死亡的现实,不同的是那个工人极端恐惧的心态让他采取了放弃生命的行为,认为自己一定没有机会生存下去了而最终心力衰竭地死去。牧师因为拥有平和的心态,正视自己,从容地面对当时的一切,结果反而幸存了下来。

俗语说:情人眼里出西施。为什么会这样呢?因为情人被心态左右了,他的认识水平和判断力完全向心态屈服了。他爱意浓浓,对心爱的人一往情深,此时他看见的一切都是自己希望看见的,于是即使对方再丑,但在情人的眼里,她也像西施一样美丽动人。

然而,我们在作决策时,一定不能够"情人眼里出西施",一定要调整好自己的心态,做到冷静客观、不急不躁、无爱无恨、无悔无怨。这样,我们才能认清客观形势,分析出情况的变化,从而作出准确的判断。倘若我们的心态调整不好，纵使变化就在眼前，我们也看不清楚。

有一位司机干活任劳任怨，为人也挺仗义，是一个不错的小伙子，但就是心态不好、太急躁，开起车来左窜右窜，非常快。到公司不久，同事便发现了他的这一特点，对他说："你心太急，要多注意一点儿，否则要出事。"果不其然，没过多久，他开车追尾了。刚开始，他怀疑刹车系统有问题，于是，他到修理厂将刹车系统彻底检查了一遍，结果毫无问题。其实，这并不是车的问题，而是他心态的问题，他急躁的心态影响了他对车速和车距的判断。由于这个小伙子除了这一毛病之外，实在不错，领导就把他请到办公室谈了谈心，并告诉他心态影响了他的认识和判断，希望他能调整自己的心态。

然而，这次追尾过去整整一个月后，他又一次追尾了，情况比上一次还要严重。领导哭笑不得，他也十分内疚，说他控制不了自己的心态，并主动辞了职。

当我们的人生遇到大的转折时，我们就更应该控制好自己的心态，否则就会对客观情况的变化视而不见、听而不闻，就会抓不住问题的症结所在，就会把内心的愿望误认为是客观的现实。如此一来，我们就不能真正地去审时度势，就会对情况作出错误的判断、采取错误的行为，导致我们的人生陷入更大的困境中。

第一章 幸福源于良好的心态

3. 做自己生活的主人

一个人在一生中总会遭到这样或那样的批评，越是做的多，遭到的批评就越多。但你决不能因为别人的批评就怀疑自己，只要你确信自己是对的，就该一直坚定走下去。

1929年，美国发生了一件震动全国教育界的大事，美国各地的学者都赶到芝加哥去看热闹。在几年前，有个名叫罗勃·郝金斯的年轻人，半工半读地从耶鲁大学毕业，当过作家、伐木工人、家庭教师和卖成衣的售货员。现在，只经过了8年，他就被任命为美国著名大学——芝加哥大学的校长。他有多大？30岁！真叫人难以相信。老一辈的教育人士都摇着头，人们的批评就像山崩落石一样一起打在这位"神童"的头上，说他太年轻了、经验不够；说他的教育观念很不成熟……甚至各大报纸也参加了攻击。

在罗勃·郝金斯就任的那一天，有一个朋友对他的父亲说："今天早上我看见报上的社论攻击你的儿子，真把我吓坏了。"

"不错，"郝金斯的父亲回答说，"话说得很凶，可是请记住，从来没有人会踢一只死了的狗。"

是的，没有人去踢一只死狗，别人对你的批评往往从反面证明了你的重要，你的成就引起了别人的关注。所以，在你被别人批评、评头品足、无端诽谤时，你无须自卑，走好自己的路，让他们去说吧。

马修·布拉许当年还在华尔街40号美国国际公司任总裁的时候，承认自己对别人的批评很敏感。他说："我当时急于要使公司里的每一个人都认为我非常完美。要是他们不这样想的话，就会使我自卑。只要哪一个人对我有一些怨言，我就会想法子去取悦他。可是我所做的讨好他的事情总会使另外一个人生气，然后等我想要取悦这个人的时候，又会惹恼了其他的一两个人。最后我发现，我越想去讨好别人，以避免别人对我的批评，就越会使我的敌人增加，所以最后我对自己说：'只要你卓越出众，就一定会受到批评，所以还是趁早习惯的好。'这一点对我大有帮助。从那以后，我就决定只尽我最大能力去做，而把我那把破伞收起来，让批评我的雨水从我身上流下去，而不是滴在我的脖子里。"

狄姆士·泰勒更进一步，他让批评的雨水流进他的脖子，而为这件事情大笑一番，而且当众如此。有一段时间，他在每个礼拜天下午的纽约爱尔交响乐团举行的空中音乐会休息时间，发表音乐方面的评论。有一个女人写信给他，说他是"骗子、叛徒、毒蛇和白痴"。泰勒先生在他那本叫做《人与音乐》的书里说："我猜她只喜欢听音乐，不喜欢听讲话。"在第二个礼拜的广播节目里，泰勒先生把这封信宣读给好几百万的听众听。几天后，他又接到那个女人写来的另外一封信，信中表达她丝毫没有改变她的意见。泰勒先

生说："她仍然认为，我是一个骗子、叛徒、毒蛇和白痴。"

面对他人的品评、批评，谁都不可能没有压力，关键是看你如何对待。如果你在心里接受了别人的批评，并暗示自己在别人眼里是多么的不完美、被人鄙视，自卑就会像一个影子随时跟着你、影响你。如果你能将别人的不公正的批评置之脑后，继续走自己的路，那么所有的事情都会不攻自破。如果你能对他们笑一笑，受害的人就不会是你。

查尔斯·舒伟伯对普林斯顿大学学生发表演讲的时候表示，他所学到的最重要的一课是一个在钢铁厂里做事的老德国人教给他的。"那个老德国人进我的办公室时，"舒伟伯先生说，"满身都是泥和水，我问他对那些把他丢进河里的人怎么说？他回答说：'我只是笑一笑。'"

舒伟伯先生说，后来他就把这个老德国人的话当做他的座右铭："只是笑一笑。"

当你成为不公正批评的受害者时，这个座右铭尤其管用。别人骂你的时候，你"只是笑一笑"，骂人的人还能怎么样呢？

林肯如果不是学会了对那些骂他的话置之不理，恐怕他早就受不住压力而崩溃了。他写下的如何处理对他的批评的方法已经成为一篇文学上的经典之作。在第二次世界大战期间，麦克阿瑟将军曾经把这个抄下来挂在他总部的写字台后面的墙上。而丘吉尔也把这段话镶了框子，挂在他书房的墙上。这段话是："如果我只是试着要去读，更不用说去回答所有对我的攻击，这个店不如关了门，去做别的生意。我尽我所知的最好办法去做，也尽我所能去做，而我打算一直这样把事情做完。如果结果证明我是对的，那么即使花10倍的力气来说我是错的，也没有什么用。"

别人的批评无论对错，你都无法制止，尤其是你位高权重时，你更需面对这样的舆论。笑一笑，你无须关注太多，更无须为他人的舆论套牢自己。

4. 生活是不完美的

人生确实有许多不完美之处，每个人都会有这样或那样的缺憾。其实，没有缺憾我们就无法去衡量完美。仔细想想，缺憾其实不也是一种美吗？

一位心理学家做了这样一个实验：他在一张白纸上点了一个黑点，然后问他的几个学生看到了什么，学生们异口同声地回答看到了黑点。于是，心理学家得到了这样的结论：人们通常只会注意到自己或他人的瑕疵，而忽略其本身所具有的更多的优点。是呀，为什么他们没有注意到黑点外更大面积的白纸呢？

一位人力三轮车师傅50多岁，相貌堂堂，如果去当演员应该属偶像派。当别人问他为什么愿做这样的"活儿"时，他笑着从车上跳下，并夸张地走了几步给人家看。哦，原来他是跛足，左腿

长、右腿短，天生的。

这样一来，弄得问者很尴尬，可他却很坦然，仍是笑着说，为了能不走路，拉车便是最好的伪装，这也算是"英雄有用武之地"，他还骄傲地告诉别人："我太太很漂亮，儿子也帅。"

有这样一位女子，她喜欢自助旅行，一路上拍了许多照片，并结集出版。她常自嘲地说："因为我长得丑，所以很有安全感，如果换成是美女一个人自助旅行，那就很危险了，我得感谢我的丑。"

英国有位作家兼广播主持人叫汤姆·撒克，事业、爱情皆得意，但他只有1.3米，他不自卑，别人只会学"走"，他学会了"跳"，所以他成功了。他有句豪言："我能够得到任何想要的东西。"

其实，在人世间，很多人注定与"缺陷"相伴而与"完美"相去甚远。渴求完美的习性使许多人做事比较小心谨慎，生怕出错，因此必然导致其保守、胆小等性格特征的形成。在现实生活中我们不难发现，有的人长得一表人材、举止得体、说话有分寸，但你和他们在一起就是觉得没意思，连聊天儿都没丝毫兴致。这些人往往是从小接受了不出"格"的规范训练，身上所有不整齐的"枝杈"都给修剪掉了，于是便失去了个性独具的风采和神韵，变得干巴、枯燥、没有生机、没有活力。客观地说，人性格上的确存在着"缺陷美"，即在实际生活中，那些性格有"缺陷"而绝对不属于十全十美的人反而显得更具有内在的魅力，也更具有吸引力。

不仅人自身是不完美的，我们生活的世界也是布满缺憾的。比如：有一种风景，你总想看，它却在你即将靠近的时候巧妙地隐退；有一种风景，你已经厌倦，它却如影随形地跟着你；世界很大，你想见的人却杳如黄鹤；世界很小，你不想看见的人却频频进入你的视线；有一种情，你爱得真、爱得纯，爱得你忘了自己，而他（她）却将其视如负担，如果能够倒过来多好，可以不让自己再忍受痛苦。世上有许多事，倒过来是圆满，顺理成章却变成了遗憾。然而世上的许多事情正是在顺理成章地进行着，我们没办法将它倒过来。

缺陷和不足是人人都有的，但是作为独立的个体，你要相信你有许多与众不同的甚至优于别人的地方，你要用自己特有的形象装点这个丰富多彩的世界。也许你在某些方面的确逊于他人，但是你同样拥有别人所无法企及的专长，有些事情也许只有你能做而别人却做不了。

因此，学会欣赏自己的不完美，并将它转化成动力才是最重要的。

第一章 幸福源于良好的心态

中国古代哲学家杨子曾对他的学生们说：有一次他去宋国，途中住进一家旅店里，发现人们对一位丑陋的姑娘十分敬重，而对一位漂亮的姑娘却十分轻视。学生们听了之后说什么的都有，杨子告诉他们，经过打听才知道，那位丑陋的姑娘认为自己相貌差而努力干活儿而且品格高尚，因此得到人们的敬重；那位漂亮的姑娘则认为自己相貌美丽，因而懒惰成性且品行不端，所以受到人们的轻视。

其实，做人的道理也是这样，是否被人尊敬并不在于外貌的俊与丑。美绝不只是表面的，而有着更深层次的内涵。如果表面的美失去了应该具有的内涵，就会为人们所唾弃，那位漂亮姑娘就是最好的例证。勤能补拙，也能补丑，这就是那位丑姑娘给我们的启示。

欣赏自己的不完美，因为它是你独一无二的特征。欣赏自己的不完美，因为有了它才使你不至于平庸。不完美使你区别于人，世界也因你的不完美而多了一点儿色彩。

5. 平凡也是一种幸福

人生的内容很多很乱，人的心思太杂太烦，站在繁华的都市街口，东边是金钱，西边是名誉，南边是地位，北边是权力，于是人们总是东奔西走、南冲北窜，想要的东西太多，眼睛盯着浮华世界里的功名利禄，到死才发现得到的东西很多，丢了的东西更多。生活也有能量守恒定律，在追逐的同时何不找个时间休息一会儿？翻一翻身上的背囊，看你丢了什么没有？

一对青年婚后的生活美满幸福，并且有了一个可爱的孩子，邻居们都非常羡慕他们。然而，丈夫总觉得自己的家庭与豪门望族相比显得太土气了。于是，他告别了妻儿老小，终年奔波在外，处心积虑地挣钱。日久天长，妻子感到家庭冷清沉寂，尽管有了更多的钱财，却无异于生活在镶金镀银的墓穴中。孩子长大了，却不知道叫爸爸。后来，爸爸终于回来了，却衣衫不整、垂头丧气，原来他喜欢摆阔，遭遇匪霸被洗劫一空。

当妻子看到丈夫的那一刻，她什么都明白了。

丈夫像孩子似的扑进妻子的怀里，泣不成声地说："完了，一切都完了，我的心血全被那帮匪徒榨尽了，我没有活路了，我的路走完了，我后悔死了。"

妻子满是怜惜地看着丈夫，认真地听完了丈夫的哭诉，然后她用手轻抚他的头发，脸上露出了几年来从未有过的微笑，说："你的路曾经走错了，但现在你的心终于回来了，这是我们全家真正幸福生活的开始。只要我们辛勤劳动、安居乐业，幸福还会伴随我们。"

从此以后，夫妻两人带着孩子辛勤劳动，共同经历风雨，用自己的汗水换来了丰硕的成果。尽管他们的生活并不奢华，但爱的心愿充溢着他们的心房，他们重新找回了昔日生活的美好，也懂得了生活真正的趣味。

生活需要舒适，没有金钱是不可能达成的，但过分地追逐常会使人丧失理智、感情淡漠、心性冷酷。只有平淡处世，正确对待这些身外之物才可活得舒心自然，体会到活着的真实意图：人生不是只为背负不了的沉重而活，而是为了从背负的沉重里取一点儿成就让自己感受快乐和幸福。

海边小镇有这样一家人，女人长得毫无姿色可言，甚至可以称为丑，但脸上却始终挂着开心的笑。清晨，天还没亮，她就抱着孩子和男人出去接菜、卖菜，黄昏时，她坐在男人推着的木推车上回家。

她的怀里不是搂着她的儿子，就是破箱子、破胶袋、草席水桶、饼干盒、汽车轮，拉拉杂杂地、大包小包前呼后拥地把她那起码两百磅的身子围在中心。那男人龇牙咧嘴地推着车子，黄褐色的头发湿淋淋地贴在尖尖的头颅上，他打着赤膊，皮肤在夕阳下红得发亮，半长不短的裤子松垮垮地吊在屁股上。每次木推车上桥时，男人的裤子就掉下来，露出半个屁股。可那个胖女人还坐得心安理得，常常还悠哉悠哉地吃着雪糕筒呢。铁棍似又黑又亮又结实的手臂里的小男孩时不时把母亲拿雪糕的手抓过去咬一口，母子俩在木推车上争着吃，脸上堆满了笑，女人笑得眼睛更小、鼻子更塌、嘴巴更大了。

有时她的脸可能搽了粉，黑不黑，白不白，有点儿灰，有点儿青，粗硬的曲发老让风吹得在头顶纠成一团，而后面那个瘦男人就看得那么开心，天天推着木推车，车上的肥老婆天天坐在那儿又吃又喝。有一次不知怎么，木推车不听话地直往桥脚下的一棵树冲去，男人直着脖子拼命拉，裤子都快全掉下来了，木推车还是往树的一头撞去，女人手中的碎冰草莓撒了她跟小男孩一头一脸。谁知那个男人一手丢了木推车，望着车上的母子两人大笑不止，女人一边抹去脸上的草莓，一边咒骂，一边跟着笑，笑得夕阳红了脸，笑得路人弯了腰。

唉，管什么男的讲风度、女的讲气质，什么人生的理想、生活的目标，什么经济不景气，一家三口每天快快乐乐地出去卖菜、每天快快乐乐地捡点儿破烂，然后跟着夕阳回家。

丑成那样，穷成那样，又有什么关系呢？人生无须索求太多，口袋里的票子够花就行，家里的房子温馨就行，追求太高、欲望太高往往就像打肿脸充胖子，表面看着风光无限，却丢了快乐、幸福和自由。

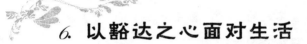

6. 以豁达之心面对生活

如果想要活得开心、活得有意义，那么就不要跟人斤斤计较，这种小心眼儿的心态会让你的生活变成一片灰色。作为成熟人，何不豁达一点儿呢？这会让你活得更轻松。

李大妈早年丧夫且无子嗣，生活困窘，因此脾气也不怎么好。

老刘和老吴是李大妈的邻居。因为李大妈的品性，她和老刘、老吴的关系处得很差劲儿，老刘和老吴也因为有李大妈这样的邻居而感到心里别扭。

但老吴和老刘两人的性格截然不同。老吴豁达开朗，凡事想得开；而老刘则有点儿心胸褊狭、爱走极端。因此，两人虽生活在同一个环境中，表现却大不一样：老吴整天乐呵呵的，老刘却一天到晚吊着脸，一副怏怏不乐的样子，好像谁借了他两斗陈大麦还了他两斗老鼠屎一样。

一天，李大妈的一只黄母鸡不见了，她便在自家院里跳着脚骂："哪个老不死的偷了我的黄母鸡？谁偷了我的黄母鸡断子绝孙，死时闭不上眼睛！"

骂声很大，邻居老吴和老刘都听见了。

老吴想："她没点名骂谁，咱也没干那亏心事。不做亏心事，睡觉不怕鬼敲门，她爱骂骂去，与咱毫不相干。"仿佛没听见骂声似的。

而老刘则不一样，他想："这怕是冲我来的，这婆娘真没口德，开口闭口老不死的。哎，真气死我了！"出去就和李大妈吵了一架，但没几天他便病倒了。

几天以后，李大妈在自家的柴火堆中发现了死母鸡。原来黄母鸡觅食钻到了柴火堆下面，它还没出来，李大妈便在外面放了一担柴火，把那个出孔堵住了，以致它饿死在里面了。

李大妈有些内疚，便找老吴和老刘道歉。

老吴听后说："我没什么，一点儿都没生气，你找老刘道歉去吧。"

李大妈极诚恳地向老刘作了解释和道歉，老刘听后，心中的怨气慢慢地消了，过了几天，就能起来行走，身体也慢慢地恢复了。

"哎，都是自己小心眼儿造成的，咱要像人家老吴，还生哪门子气呢？"老刘心想。

18

生活中类似于这样的小事很多，斤斤计较不但影响了心情，也影响了健康。人生短暂，浪费时间和精力在这些小事上实在不是聪明人所为。如果你觉得烦恼，那是因为你还有时间烦恼，为小事烦恼是因为没有大事让你烦恼。生活中，要领悟不为小事烦恼的意义，不斤斤计较的意义。

1943 年 3 月，一名美国青年摩尔在中南半岛附近海下 270 英尺深的潜水艇里学到了一生中最重要的一课。

当时，摩尔所乘的潜水艇发现一支日军舰队朝他们开来时，他们发射了几枚鱼雷，但没有击中任何一艘舰。这个时候，日军发现了他们，一艘布雷舰直朝他们开来。3 分钟后，天崩地裂，6 枚深水炸弹在四周炸开，把他们直压到海底 270 英尺深的地方。深水炸弹不停地投下，整整持续了 15 个小时，其中，有十几枚炸弹就在离他们 60 英尺左右的地方爆炸。倘若再近一点儿的话，潜艇就会炸出一个洞来。

摩尔和所有的士兵一样奉命静躺在自己的床上，保持镇定。当时的摩尔吓得不知如何呼吸，他不停地对自己说，这下死定了……潜水艇内部的温度达到摄氏 40 多度，可是他却怕得全身发冷，一阵阵冒虚汗。15 个小时后，攻击停止了，那艘布雷舰用光了所有的炸弹后开走了。

摩尔感觉这 15 个小时好像有 150 万年那样长，他过去的生活一一浮现在眼前，那些曾经让他烦忧过的无聊的小事更是记得特别清晰——没钱买房子、没钱买汽车、没钱给妻子买好衣服，还有为了点儿芝麻小事和妻子吵架，还为额头上的一个小疤影响容貌发愁……

可是，这些令人发愁的事在深水炸弹威胁生命的那一刻显得那么荒谬、渺小。摩尔对自己发誓，如果他还有机会看到明天的话，他永远都不会再为这些小事忧愁了。

英国著名作家迪斯累利曾精辟地指出："为小事斤斤计较的人，生命是短促的。"的确，如果让微不足道的小事时常吞噬我们的心灵，这种疲惫的感觉会让人可怜地度过一生。

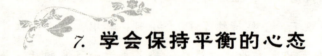

7. 学会保持平衡的心态

每个人都是血肉之躯，从物质构成上看没有多少区别，但心理上却有区别。因为心理状态的存在，你看到了人们各自脸上的不同反应、不同处世方式及不同的生活状态，这种心灵的状态就是心态。

著名作家雨果说："世界上最宽广的是大海，比大海更宽广的是蓝天，比蓝天更宽广的是人的心灵。"今天，科学技术的发展已经使人类登上了月球，在对外部世界的探索中，我们已经走了很远很远，但遗憾的是，我们对内在心灵世界探索的步子却迈得很慢很慢。通过解剖学家的手，你可以看到每个身体器官，知道它们各自的作用，但解剖学家的手却永远都解剖不了人的心灵以及这个心灵存在着的巨大力量和包含的丰富心态。

我们每个人都有一颗心灵，每颗心灵的深处都蕴藏着无穷无尽的智慧和能量，这种智慧和能量将会给你带来一切：它能给你带来灵感，让你有新的发明、新的发现或者写出新的文章和剧本；它还会告诉你关于宇宙的神奇本质，向你展示生命的真正价值，指引你走上通向完美生活的道路；还能帮助你找到理想的伴侣、恰当的事业伙伴或同事；它甚至能在你身处危机时为你提供一个解决问题的方法。

因此，人一旦学会了开发心灵的智慧和能量，并释放出它的威力，那么他（她）就会在生活中拥有更多的财富、健康、幸福和快乐。但是，为什么有许多人没有学会开发自己心灵的智慧和能量呢？那是因为他们还没有看清自己心灵的两面性，并适当掌握和运用这两面性，这个两面性就是积极心态的一面和消极心态的一面。

积极的心态能充分调动出心灵的巨大能量和智慧，使你的事业、身体和婚姻等都达到一种完美的境界；相反，消极心态则阻碍了心灵能量和智慧的发挥，它会让你四处碰壁，会让你的人生变得黯淡无光。然而，我们每一个人的实际心态并不能简单地划分为积极的和消极的两种，而往往是积极心态中有消极的成分，而消极心态中又有积极的成分。积极心态与消极心态几乎是一对孪生兄弟，密不可分。而我们所要做的只不过是要掌握好它们的分寸、控制好它们的比重。

人的积极心态是心态的一极，它可以用阳来表示；而消极心态是心态的另一极，它可以用阴来表示。心态的这两极相互激荡，消极心态中有积极心态，积极心态中有消极心态，阴中有阳，阳中有阴，它们相辅相成，从而形成了心态的特征。因此，任何人都不可能只拥有其中的一种心态，任何人在任何时候都同时拥有这两种心态，只不过其中所占比重不同而已。但值得注意的是，它们总是在不停地转变。若一个人只有积极心态就会阳气太盛，变得不可控制、容易冒进、容易遭受挫折；若一个人只有消极心态就会阴气太重，变得极端消沉。过度地自信就变成了狂妄、固执，而极度不自信就变成了自卑；极度地不冷静就变成了急躁，而过度地就变成了冷漠；恰到好处的紧张，能让我们集中注意力，如果极度紧张就变成了恐惧，稍微往后退一步就变成了麻木不仁；勇气是一种积极的心态，而过于勇敢就变成了飞扬跋扈，过度缺乏勇气退一步就变成了胆怯……因此，心态最重要的是要达到彼此的和谐。

平衡的心态才是最理想的心态，它的特征就是平和、平淡、平心静气、气定神闲。这种心态里没有浮躁、没有忧郁、没有兴奋、没有悲观、没有狂妄、没有自卑，一切都恰到好处。它就像太极图一样，浑融一体。人一旦拥有了这样的心态，就能打开心灵宝藏的大门，心灵的巨大潜能就会被释放出来；从而使人能静如止水、动如奔洪，既能够去应对人生的一切艰难险阻，也能够去承受人生的一切成功。

8. 学会排除负面情绪

生活中，谁都会有一些不良情绪，如果不断压抑它们，你就会越来越消沉，因此最好的办法是找一种不伤人的方式把不良情绪宣泄出来，这样你就会重新轻松起来。

一天深夜，一个陌生女人打电话来说："我恨透了我的丈夫。"

"你打错电话了。"对方告诉她。

她好像没有听见，滔滔不绝地说下去："我一天到晚照顾小孩，他还以为我在享福。有时候我想独自出去散散心他都不让，自己却天天晚上出去，说是有应酬，谁会相信？"

"对不起。"对方打断她的话，"我不认识你。"

"你当然不认识我，"她说，"我也不认识你，现在我说了出来，舒服多了，谢谢你。"说完，她挂断了电话。

生活中，大概谁都会产生这样或那样的不良情绪，每一个人都难免受到各种不良情绪的刺激和伤害。但是，善于控制和调节情绪的人能够在不良情绪产生时及时消释它、克服它，从而最大限度地减轻不良情绪的影响。

不良情绪产生了该怎么办呢？一些人认为，最好的办法就是克制自己的感情，不让不良情绪流露出来，做到"喜怒不形于色"。

但人毕竟不同于机器，强行压抑自己的情绪，硬要做到"喜怒不形于色"，把自己弄得表情呆板、情绪漠然，不是感情的成熟而是情绪的退化，是一种病态的表现。

那些表面上看起来似乎控制住了自己情绪的人，实际上是将情绪转到了内心。任何不良情绪一经产生，他们就一定会寻找发泄的渠道。当它受到外部压制、不能自由地宣泄时，就会在体内郁闷，危害自己的心理和精神，造成的危害会更大，因此偶尔发泄一下也未尝不可。

有些心理医生会帮助患者压抑情感、忽略情绪问题，借此暂时解除患者的心理压力，如此，患者便对负面情绪产生一定的控制力，所有的情绪问题似乎迎刃而解了。

压抑情绪或许可以暂时解决问题，但是等于逐渐关闭了心门，变得越来越不敏感。虽然你不会再受到负面情绪的影响，却逐渐失去了真实的自我，因此，你变得越来越理性、越来越不关心别人。或许你可以暂时压抑情绪，但在不知不觉中，压抑的情绪终将反过来影响你的生活。

面对情绪问题时，心理医生的建议是：如果有人伤害了你，你必须回忆整个过程，不断描述其中的细节，直到这件事不再影响你为止。这样的心理治疗方式只会让感情变得麻木，这样一来，你似乎学会了压抑痛苦，但是伤口仍然存在，你仍会觉得隐隐作痛。

另外有些心理医生则会分析患者的情绪问题，然后鼓励患者告诉自己，生气是不值得的，以此否定所有的负面情绪，这些做法都不十分明智。虽然通过自我对话来处理问题并没有什么不对，但人不该一味强化理性、压抑感情。因为长此下去，你会发现你已背负了沉重的心理负担。

一个会处理情绪的人完全能够定期排除负面情绪，而不是依靠压抑情感来解决情绪问题。敏感的心是实现梦想的重要动力，学会排除负面情绪，这些情绪就不会再困扰你，你就不必麻痹自己的情感。

如果你生性敏感，当你学会如何排除负面情绪后，这些累积多时的负面情绪就会逐渐消失。此外，你还必须积极策划每一天，以积蓄力量、尽情追求梦想，这是你最好的选择。

所以，聪明的人在消解不良情绪时，通常采取 3 个步骤：首先，必须承认不良情绪的存在；其次，分析产生这一情绪的原因，弄清楚为什么会苦恼、忧愁或愤怒；最后，如果确实有可恼、可忧、可怒的理由，则寻求适当的方法和途径来解决它，而不是一味地压抑自己的不良情绪。

9. 扔掉你的坏心情

人的心情的好坏是由自己决定的，良好的心态会让你笑口常开，在遇到不如意的事时，你就会换种角度想问题，让快乐始终陪伴自己。

《安徒生童话》里有这样一个故事：

乡村有一对清贫的老夫妇，有一天他们想把家中唯一值点儿钱的一匹马拉到市场上去换点儿更有用的东西。老头儿牵着马去赶集了，他先与人换得一头母牛，又用母牛去换了一只羊，再用羊换来一只肥鹅，又把鹅换成了母鸡，最后用母鸡换了别人的一口袋烂苹果。

在每次交换中，他都想给老伴儿一个惊喜。

当他扛着大袋子烂苹果来到一家小酒店歇息时，遇上两个英国人，闲聊中他谈了自己赶集的经过，两个英国人听后哈哈大笑，说他回去准得挨老婆子一顿揍，而老头子坚称绝对不会，英国人就用一袋金币打赌，两人于是一起回到老头子家中。

老太婆见老头子回来了，非常高兴，她兴奋地听着老头子讲赶集的经过。每听老头子讲到用一种东西换了另一种东西时，她都充满了对老头儿的钦佩。

她嘴里不时地说着："哦，我们有牛奶了。"

"羊奶也同样好喝。"

"哦，鹅毛多漂亮。"

"哦，我们有鸡蛋吃了。"

最后听到老头子背回一袋已经开始腐烂的苹果时，她同样不愠不恼，大声说："我们今晚就可以吃到苹果馅儿饼了。"

结果，英国人输掉了一袋金币。

看过故事，你可能发现老婆子的心情一直都很好，不管老头子用一匹马换来换去，换到最后只换得一袋烂苹果，她仍然没有生气，反而会说："我们今晚就可以吃到苹果馅儿饼了。"是的，就算你只能得到烂苹果又有什么关系？心情好才是最重要的。况且，用一种好心情收获的是一个意想不到的惊喜，干嘛要让自己不高兴呢？

有个女人习惯每天愁眉苦脸，小小的事情似乎都能让她心神不安、紧张：孩子的成绩不好，会令她一整天忧心，先生几句无心的话会让她黯然神伤。她说："几乎每一件事情都会在我的心中盘踞很久，造成坏心情，影响生活和工作。"

有一天，她有个重要的会议，但是沮丧的心情却挥之不去，看看镜子里自己的脸庞竟然无精打采。她打电话问朋友该怎么做？"我的心情沮丧、我的模样憔悴，没有精神，怎么参加重要的会议？"

朋友告诉她："把令你沮丧的事放下，洗把脸，把无精打采的愁容洗掉，修饰一下仪容以增强自信，想着自己就是得意快乐的人。注意，装成高兴充满自信的样子，你的心情会好起来，很快地你就会谈笑风生、笑容可掬。"她试着按朋友的话去做，当天晚上在电话中告诉朋友说："我成功地参加了这次会议，争取到新的计划和工作。我没想到强装信心，信心真的会来；装着好心情，坏心情自然消失。"

人要懂得改变情绪，才能改变思想和行为。思想改变，情绪会跟着改变。

人在心情不好的时候会不自觉地把坏心情抱得更紧；关门不跟人说话、撅着嘴生闷气、锁着眉头胡思乱想，结果心情更坏、更难过。所以人要学会放下坏心情，拥抱好心情。

我们想拥有好心情，就得从原有的坏心情中解脱，从烦恼的死胡同中走出来。放下心情的包袱，好好检视清楚，看看哪些是事实，把它留下来，设法解决。哪些是垃圾、哪些是给自己制造困扰的想法，把它扔掉，这就能应付自如，带来好心情。

10. 除去精神家园里的杂草

人是这个世界上最会制造垃圾污染自己的动物之一。清洁工每天早上都要清理人们制造的成堆的垃圾，这些有形的垃圾容易清理，而人们内心还制造着无形的垃圾，比如烦恼、欲望、忧愁、痛苦等。因为无形，所以这些垃圾是不那么容易清理的。

当经历世事变幻之后，我们的心灵会无可避免地沾染上尘埃，蒙住的不仅仅是心灵，还有你的快乐。每个人都不是先知，在大自然和社会里是那么的茫然和无知。每作一个选择，每进入一个新的环境，我们都会像懵懵懂懂的孩童一样，因为我们怕出错，不知道什么是自己想要的。其实，错误并没有那么可怕，发现错误一定要及时修正，清除心中的杂质，让自己纯净的心灵重新显现。

我们在装修房子的时候，总是会小心谨慎地制定详细的方案，每一个细节都要进行仔细的研究，地板的质地、吊灯的造型、墙壁的颜色，这些都是不可忽视的部分。我们为自己的房屋精心选择了最好的建材，但是在建设精神家园的时候，我们却没有细细地考量。精神家园是人灵魂的栖息所，但是很多人却出于各种原因不肯多费心思。如果你用类似恐惧、烦恼、焦虑、不安等消极念头建设自己的精神家园，那么它们便可能发霉、腐烂，我们的心灵世界就岌岌可危了。

我们必须选择勇敢、乐观、积极的思想来保持心灵家园的纯洁，并且及时进行"精神扫除"，丢弃或扫掉心灵上的杂质。另外，我们还可以用美德来充盈自己的心灵空间，这样心灵垃圾就会再无容身之处。

有这样一个故事。

从前有一位哲学家，他带着一群学生去漫游世界。10年间，他们几乎游历了所有的国家和地区，拜访了所有有学问的人，等他们回归故土的时候已经是满腹经纶。进城之前，哲学家在郊外的一片旷野地里坐下来，对他的学生说："经过10年游历，你们现在都已是饱学之士，现在学业就要结束了，我再给大家上最后一课吧。"学生们围着哲学家坐了下来，哲学家问："现在我们坐在什么地方？"学生们答："现在我们坐在旷野里。"哲学家又问："旷野里长着什么？"学生们说："旷野里长满了杂草。"哲学家说："对，旷野里长满杂草，现在我想问的是如何除掉这些杂草。"学生们非常惊愕，他们没有想到老师最后一课问的竟是这么简单的一个问题，因为之前他们一直在探讨深奥的人生哲理。

一个学生首先开口说："老师，只要有铲子就够了。"哲学家点点头。另一个学生接着说："用火烧更能去除根本。"哲学家微笑了一下，示意下一位学生回答，第三个学生说："撒上石灰就会除掉所有的杂草。"接着第四个学生说："斩草除根，只要把根挖出来就行了。"等学生们都讲完了，哲学家站了起来，说："课就上到这里了，你们回去后按照各自的方法除去一片杂草，两年后再来相聚。"

两年后，学生们都来了，不过原来相聚的地方已不再是杂草丛生，它变成了一片长满谷子的庄稼地。

人的精神家园中也会长满杂草，这些杂草就像美玉上的斑点，只有用好的品格占据它，你才能让自己的心灵世界再无纷扰。

11. 让心灵回归宁静

动是世界的阳面，静是世界的阴面。阳面是用来看世界的；阴面是用来想世界的。动，是世界的亨通。但静才是世界的推动。

所以，人在行动的时候往往会被认为很有力量，其实人在思想的时候最有力量。

静不下来，是对静的意义认识不足。处变不惊，你才能静下来。孔子说，迅雷烈风，必然使人变色。世界震动，许多人必然恐惧，如果因恐惧而戒备，后来就会幸福。当灾难来临，恐惧万分，但过后就忘记，谈笑自若、不知警惕，这样没有好处，将来要吃大亏。只有平时戒备的人，当突然遭到震惊才不致不知所措。

因此，你要静得下来，要对周围发生的一切有足够的思想准备，要知道发生的一切对你没有什么影响。即使有影响，你也有能力应付。这样，你才能静得下来。汲取了教训，你才能静得下来。

过去发生的事情曾经使你夜不能寐、惊恐万状；但你已经有了经验，再次发生这样的事情，你就能安静如初。你经历了打击、经历了磨难、经历了别人的整治，以后当你重新面对这一切的时候，你的内心就会平静如水。毛泽东说过："不管风吹浪打，胜似闲庭信步。"这就是静的最高境界。

没有静思，总在动，不会有什么好结果。

江河奔腾，虽然能够百川汇海，然而，每一条江河都宣泄无度，就会泛滥成灾。民情沸腾，虽然能够百业兴旺，然而，每一个人都狂热无度，就会歇斯底里。群芳尽绽，虽然能够春光娇娆，然而，每一朵花都争奇斗艳，繁荣的背后已经隐藏着衰败。进而不急、动而不躁、张而不露才是动的极致，也是静的基础。

静能生美，静能出思，静是万动之源，你为什么不先静下来呢？

生活不安定，思想不安定，周围就会缺少观照的人，心里一定很悲戚。这个时候，情绪容易激动。千万要坚守正道，小心行事。如果行为不安定，就要有一个固定的住所，把身先安定，然后安定心灵。如果心灵不安定了，那就要出游，要在山水间求得心灵的安定。

奥地利诗人莱瑙说过一个关于3个吉卜赛人的故事：他们3人正在沙漠中间一个荒凉的地方。第一个吉卜赛人手拿提琴，悠然自得，自拉自唱一首热情的歌曲，夕阳就映照在他坚毅的脸上；第二个吉卜赛人嘴里衔着烟斗，望着袅袅的烟雾，还是那样的快乐，好像世界上没有什么让他忧愁的；第三个吉卜赛人却愉快地睡着了，他的提琴就丢在草丛中，风儿掠过他的琴弦，也掠过他的心房……

大度，随和，是安定的支柱。

贪婪，猜疑，是安定的蛀虫。

让心平静下来，以一颗泰然的心处世，才是人生的最高境界。

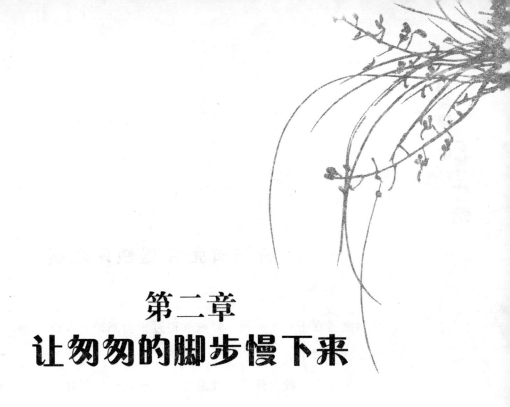

第二章
让匆匆的脚步慢下来

在现实的压力下,每个人都有着自己的目标,为了自己的目标不懈地努力,但是在实现目标的道路上,很多人都是行色匆匆,甚至透支自己的精力。其实,人生是一趟旅程,到达终点固然重要,但旅途的过程更为重要,因为人生本来就是一个过程。不妨让匆匆的脚步慢下来,用心去体会生活中的快乐,把自己从紧张的节奏中解放出来。

1. 有张有弛才是快乐之道

生活之道在于一张一弛，琴弦绷得过紧会断掉，人也一样，不能始终处在劳累中。

无论是工作、教育孩子、做家务，有些人还参与社会活动、健身运动、慈善活动等，都让我们忙乱不已。我们都希望能十全十美，做个好公民、好伴侣、好父母、好朋友。只要有可能，我们还希望生活中有点儿意外、刺激。问题在于我们每个人一天只有24个小时，我们能做的事就只有那么多。除了这些之外，现代生活中更有许多推波助澜的工具，例如科技与更高层次的发明，电脑、高科技产品的发明使我们的世界"缩小"了，相对的，时间也不够用了，我们做任何事都比以前快多了，也使我们都变得没有耐性，做任何事都要速成。有一些人不过在快餐店中等了3分钟就大呼小叫，或是电脑开机的过程慢了一两秒就等不及了。当我们在等红绿灯或飞机晚点时急得团团转，完全忘了我们现今所搭乘的交通工具已经非常舒适又快捷了。不要忘了我们的生活已经变得越来越好了，着急的时候抬头看看天。

一味地赶个不停，会让自己无法在做每件事情中获得快乐与满足，因为我们的重心不在此刻，而是在下一刻，所以难免总是有点儿力不从心的感觉。

保持清醒状态比让自己保持清醒还重要，这一点带给我们生活丰富的感受是平时急匆匆时所感受不到的，会带来神奇的效果。保持清醒的状态不但带来许多的好处，同时能让我们体会到真正的满足感。

其实，大部分人都在获得成功：找到了较好的工作、打赢了官司、公司的职位上升、有一个幸福的家、假期旅游或任何好事临头，这些都是生命中的好事，也可以一直将焦点集中在这些大事上，做完这件做那件，好了还要更好。也许你在追求更好更多的同时，丧失了从日常生活中获得快乐的机会：美丽的笑容、欢笑的孩子、简单的善行、与爱人共享晨曦落日，或是一起欣赏秋天的树叶、如何改变颜色等。

如果一天做6件事，却因为时间不够，每件事都匆忙潦草地做完，倒不如一天只做3件事，让自己从容不迫地做好每件事，使自己有心情享受生活中点点滴滴的小事。当然，赶时间有时是生命的一部分，是不可能完全避免的，有时在同一段时间还可能要应付几个人，无论如何，这样的情形都有个人的因素。如果警觉到自己有急匆匆的倾向，就慢下脚步来、抬头看看天、想想生活中美丽的小事，让自己的心平静下来。如果能放慢脚步，即使只是慢一点点，你就会发现许多单纯的快乐。

不可否认，生命中最美好的事很多都是最简单的，虽然不见得都是免费的，但大多数是免费的事。用不着怀疑，找到一种单纯的快乐能让你的生活更愉快、更平静。

简妮就有这种单纯的快乐，并足以作为典范。每一年，她都会在后院种几簇玫瑰，那种紫红色的，没见过有谁像她那样热爱玫瑰的。一天中有好几次，她会走去看这些花，有时嘴上还会说："谢谢你们长得这么美，我喜欢你们……"她用爱心浇水灌溉着这些如奖赏的花。时节到了的时候，她会将花剪下来，放在家中，让每个人欣赏。有朋友来时，她会送他们一束玫瑰花，这也让她和朋友分外满足。

你可以想象得出，这个单纯的快乐不只是让她家院子或房间变得美丽而已，更使得她朋友的生活也变得非常快乐而有意义，那种价值绝非一束花所能比拟。从某个角度来说，那些花就如她生活中的守护神一样，她渴望看到它们、照顾它们。当她想到花儿时会微笑，相信花儿让她保持了洞察生命的能力。她并不会将这种单纯的快乐当做鼓舞任何人的动机，但她看到它们在周围人身上也有了很好的影响。人们懂得她是为了某种单纯的事而快乐，看得出她感恩的心情，使他们拥有了同样的感恩心情。

简妮也有工作忙碌的时候，但她努力不让自己像陀螺一样"疯狂"地转个不停，而是懂得忙里偷闲。其实静下心来想想，每个人都会找到一些单纯的快乐。例如，在灯下捧一本喜欢的书、一个人静听自己喜欢的音乐、到附近的公园走走、坐公交车时给身旁的人让座，这些简单的事都能带给我们快乐。我们享受的快乐越多，越能有达观的胸襟、活得越有滋有味。

从"疯狂的忙碌"中解脱，每个人至少能找到一两件单纯的快乐。无论是和老朋友聊天儿，或散步、兜风，甚至逛商店，对你都有非凡的意义，你的生活品质也会因此提高。

不要不顾一切一味地努力向前冲，要时常停下来反省自己的方向是否正确。事业不能仅靠拼劲，还需要停下来思考，休息是为了让我们的灵魂能够追得上我们的身体。

身心过于劳累，不懂一张一弛之道，就是把心灵与身体割裂开来，心中的罗盘必将失灵。此时，无论你付出多少，也会因茫无目标而徒劳无功，身体反而会被无数的困扰所埋葬。

2. 记住： 欲速则不达

急于求成、恨不能一日千里，往往事与愿违，大多数人都知道这个道理，却总是与之相悖，历史上的很多名人都是在犯过此类错误之后才真正掌握了这个真谛。

宋朝的朱熹是一代大儒，从小就聪明过人。4 岁时其父指着天说："这是天。"朱熹则问："天上有何物？"如此聪慧令他的父亲称奇。他十几岁就开始研究道学，同时又对佛学感兴趣，希望学问能早有所成。然而到了中年时才感觉到速成不是良方，经过一番苦功方能有大成就。他以 16 字真言对"欲速则不达"作了一番精彩的诠释："宁详毋略，宁近毋远；宁下毋高，宁拙毋巧。"

一味地主观求急图快，违背了客观规律，后果只能是欲速则不达。一个人只有摆脱了速成心理，一步步地积极努力、步步为营，才能达成自己的目的。

有一个孩子很喜欢研究生物，很想知道蛹是如何破茧成蝶的。有一次，他在草丛中看见一只蛹，便取了回家，日日观察。几天以后，蛹出现了一条裂痕，里面的蝴蝶开始挣扎，想抓破蛹壳飞出。艰辛的过程达数小时之久，蝴蝶在蛹里辛苦地挣扎，小孩儿看着有些不忍，想要帮助它，便拿起剪刀将蛹剪开，蝴蝶破蛹而出。但他没想到，蝴蝶挣脱蛹壳以后因为翅膀不够有力，根本飞不起来，不久便痛苦地死去。

破茧成蝶的过程原本就非常痛苦、艰辛，但只有通过这一经历才能换来日后的翩翩起舞。外力的帮助反而违背了自然的过程，揠苗助长只会让关爱变成伤害，最终让蝴蝶悲惨地死去。

欲速则不达，急于求成会导致最终的失败。做人做事都应放远眼光，注重知识的积累，厚积薄发自然会水到渠成，达成自己的目标。许多事业都必须有一个痛苦挣扎、奋斗的过程，而这也是将你锻炼得坚强，使你成长、使你有力的过程。

有一位教练常提醒队员说："要想赢，就得慢慢地划桨。"也就是说，划桨的速度太快的话，会破坏船行的节拍。一旦搅乱节拍，要再度恢复正确的速度就相当困难了。欲速则不达，这是千古不变的法则。

顺治七年冬天，一位读书人想要从小港进入镇海县城，于是吩咐小书童用木板夹好捆扎的一大叠书跟随着。这个时候，夕阳已经落山，傍晚的烟雾缠绕在树头上，遥望县城还有约两里路，读书人便趁机问摆渡的人：“还来得及赶上南门开着吗？”那摆渡的人仔细打量了一下小书童，回答说：“慢慢地走，城门还会开着，急忙赶路城门就要关上了。”读书人听了这话，认为摆渡人在戏弄他，有些生气。下了船，他就和书童快步前进刚到半路上，小书童摔了一跤，捆扎的绳子断了，书也散落了一地。等到把书理齐捆好，到了目的地，才发现前方的城门已经下了锁，读书人这才领悟到那摆渡的人说的话实在是句哲理。

　　天底下有多少人就因为急躁鲁莽给自己招来失败、弄得昏天黑地却还是到不了目的地呢？所以不论是工作或者划船，都必须以正确而从容的步伐前进，这样心灵才能获得和平的力量，以稳定和谐的智慧指导身心从事工作，如此一来才更容易抵达目标。

　　要实践这个理论，就要留一些空闲的时间从事洗净心灵的活动，譬如静坐是相当好的洁净心智的做法，一有时间就安坐一旁，舒放自己的心灵，想想曾经欣赏过的高山峻岭、夕雾的峡谷、鲤鱼跳跃的河流、月光倒映的水面……反复地咀嚼，你的心就会舒坦地沉醉其中。

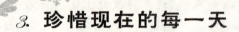

3. 珍惜现在的每一天

"早上我起来的时候，小屋里射进两三方斜斜的太阳。太阳有脚啊，轻悄悄地挪移了，我也茫茫然跟着旋转。于是，洗手的时候，日子从水盆里过去；吃饭的时候，日子从饭碗里过去；默默时，便从凝然的双眼前过去。我觉察它去得匆匆了，伸出手遮挽时，它又从遮挽着的手边过去；天黑时，我躺在床上，它便伶伶俐俐地从我身上跨过、从我脚边飞去了。等我睁开眼和太阳再见，这算又溜走了一日……"这是朱自清的散文名篇《匆匆》中的一段话，意思就是感叹时光飞逝，而自己却在叹息中一事无成。

现实中，很多人没有生活在现在。有的人生活在过去，总是想着过去的辉煌；有的人生活在未来，他们对自己的现状不满，总是幻想以后自己能够有所成就，这两类人的共同点是都没有珍惜现在的生活。

黄金周，五官科病房里同时住进来两位病人，都是鼻子不舒服，多年的老毛病，最近发作得厉害，平常工作繁忙没有治疗，趁着假期赶紧来看看。

在等待化验结果期间，甲说："如果是癌，立即去旅行，并首先去拉萨。"乙也同样如此表示。

结果出来了，甲得的是鼻癌，乙患的是鼻息肉。

甲列了一张告别人生的计划表就离开了医院，乙住了下来。

甲的计划表是：去一趟拉萨和敦煌，从攀枝花坐船一直到长江口，到海南的三亚以椰子树为背景拍一张照片，在哈尔滨过一个冬天，从大连坐船到广西的北海，登上天安门，读完莎士比亚的所有作品，力争听一次原版的瞎子阿炳的《二泉映月》，写一本书。凡此种种，共27条。

他在这张生命的清单后面这么写道：我的一生有很多梦想，有的实现了，有的由于种种原因没有实现。现在上帝给我的时间不多了，为了不遗憾地离开这个世界，我打算用生命的最后几年去实现这剩下的27个梦。

当年，甲就辞掉了公司原本很重要的职务，去了拉萨和敦煌。第二年，又以惊人的毅力和韧性通过了成人考试。这期间，他登上过天安门，去了内蒙古大草原，还在一户牧民家里住了一个星期。现在这位朋友正在实现他出一本书的夙愿。

有一天，乙在报上看到甲写的一篇散文，打电话去问甲的病情，甲说："我真的无法想象，要不是这场病，我的生命该是多么的糟糕。是它提醒了我去做自己想做的事，去实现自己想去实现的梦想。现在我才体会到什么是真正的生命和人生。你生活得也挺好吧。"

乙没有回答，因为在医院时说的去拉萨和敦煌的事，早已被重重工作挤到脑后了。

第二章

让匆匆的脚步慢下来

生命毕竟是有限的，每过一天就会从你的生命中减去一天。许多人经常在生命即将结束时，才觉得自己的生命大多被繁忙的工作占据，还有很多自己梦想的事却没有做。珍惜就在于不让人生留有遗憾，想做什么就立即去做，就算不能够完成，也不会后悔莫及，不要等到一切都无可挽回时才知道岁月的无情，才叹息时光的匆匆。

4. 在人生旅途中寻找乐趣

人生中有烦恼，也有乐趣。消极的人只看到烦恼，觉得人生无聊；而积极的人善于从过程中寻找乐趣。有乐趣的人生，便不会觉得那么枯燥。

在山中的庙里，有一个小沙弥被要求去买灯油。离开前，庙里的执事僧交给他一个大碗，并严厉地警告："你一定要小心，我们最近的财务状况不是很理想，你绝对不可以把油洒出来。"

小沙弥答应后就下山到城里，到厨师指定的店里买油。在上山回庙的路上，他想到执事僧凶恶的表情及严厉的告诫，越想越觉得紧张。小沙弥小心翼翼地端着装满油的大碗，一步一步地走在山路上，丝毫不敢左顾右盼。

很不幸的是，他在快到庙门口时由于没有向前看路，结果踩到了一个坑，虽然没有摔跤，可是却洒掉了1/3的油，小沙弥非常懊恼，而且紧张得手都开始发抖了，无法把碗端稳。当他回到庙里时，碗中的油就只剩一点儿了。

执事僧拿到装油的碗时，当然非常生气，他指着小沙弥大骂："你这个笨蛋！我不是说要你小心吗？为什么还是浪费这么多油？真是气死我了！"

小沙弥听了很难过，开始掉眼泪，另外一位老僧听到了，就跑来问是怎么回事。了解以后，他就去安抚执事僧的情绪，并私下对小沙弥说："我再派你去买一次油。这次我要你在回来的途中多观察你看到的人和事物，并且需要给我作一个报告。"

小沙弥想要推卸这个任务，强调自己油都端不好，根本不可能既要端油，还要看风景、作报告。不过在老僧的坚持下，他只有勉强上路了。

在回来的途中，小沙弥发现其实山路上的风景真的很美，远方看得到雄伟的山峰，又有农夫在梯田上耕种。走不多远，又看到一群小孩子在路边的空地上玩得很开心，而且还有两位老先生在下棋。他在边走边看风景的情形下，不知不觉就回到了庙里。

当小沙弥把油交给执事僧时，发现碗里的油居然装得满满的，一点儿都没有损失。

许多人往往迫于生活的压力或是不满足现状的欲望，每天紧盯着自己的目标，搞得自己身心俱疲还没有把事情做好。其实，与其天天在乎自己的目标，不如每天在学习、工作和生活中享受这一次

第二章 让匆匆的脚步慢下来

经历的过程，从中体会乐趣，让成功顺其自然即可。有一句话说得好：刻意经营的人往往输给漫不经意的人。一个懂得从行程中找寻乐趣的人，才不会觉得旅程的艰辛与劳累。

5. 抽出时间，沉淀自己

一位成功的企业家说："拥有工作是幸福的，比拥有工作更幸福的是主动放弃工作。这需要一种勇气，尤其在一份待遇优厚的工作或是自己开创的公司面前。"这位企业家的信条就是当幸福触手可及时，一定要及时把握。他曾经看到一本杂志上关于"亚健康"的报道，当他做完里面的自测题，发现自己的情况如此严重，于是在一个月后自动请缨做了闲人，现在公司全交给弟弟打理。

"那个决定就在一念之间。当时还有个想法，就是看自己在这个年龄有没有勇气去做这个事。"对于将来有什么打算，这位企业家说，将来肯定还会继续忙，现在是一个养精蓄锐的过程，他说想从事一些跟过去不一样的工作。"人生就那么短，我希望有更多的人生体验。"

不到30岁的冯小姐在一家外企工作，正当事业如日中天时，她突然决定辞职。"就是觉得太忙了，对不起儿子。不用工作的时候我也活得很充实，每天到幼儿园接送儿子，带他到国外旅游，心情特别放松。在人生的路上歇一歇脚、在年轻时身体状况良好时享受生活是一种福气。"一年后，冯小姐又回到工作中，操办了自己的广告公司，但她决定忙几年后还会"退休"一段时期。

他们年富力强却"游手好闲"，他们事业有成却无心打理，他们离开办公室回到家中，他们抛开工作开始寻找自我，他们从疾驰的轨道从容走开，手里擎着一面旗帜，上面写着两个大字：退休。他们是中国大城市里迅速崛起的新贵——悠客。

33 岁的林先生是悠客族里的黄金人物之一，25 岁创立广告公司，30 岁挣了他人生中第一个 1000 万，现在他已经是某药厂的老总，资产高达 6000 万。他一个星期里有一天工作，其他时间都处于悠闲状态，开车去郊外喝茶，跟朋友聚聚，大部分时间待在外地，或许丽江，或许西藏，或许巴厘岛。他的公司全部交给高薪聘请的精英们替他管理，他完完全全成了黄金悠客。当然，像林先生这样的人物在都市悠客族里并不多见，但也为辛勤劳作的老总们的生活提供了一种新思路。

他们跟通常所说的"闲人"有所不同，他们从快速的生活节奏中撤退下来，开始自己主宰自己，过简单快乐的生活。

传统上，退休是老年人的专利，是从忙碌的工作走向悠闲的生活。而新退休主义宣称：退休与年龄无关，想退就退；退休与事业无关，想做就做。退休不是生活的尾声，而是另一种生活的开始。

第二章 让匆匆的脚步慢下来

当然，提前退休绝对需要一定的物质积累和重新回到工作中去的自信心。有资格选择提前退休的人不仅需要心理上的准备，更需要物质的基础。如今大城市里由于工作压力太大而患上心理疾病并导致自杀的现象时有发生。主动选择放弃，给自己松松绑是一种不错的尝试。如果你也觉得自己工作得太累，何不也学学悠客，主动"退休"一段时间，四处走走、陪陪家人、交交朋友、思考人生？让自己的生活慢下来，反而会获得一个更充实的人生。

6. 从烦琐的时尚中解放出来

现今社会，人们的生活已被各式各样的压力围得水泄不通了：垃圾邮件、电脑病毒、彩票、无穷无尽的娱乐活动和应酬、找上门的推销员……这一切都正在蚕食着你为数不多的独享空间。

生活是变简单还是变复杂了？很多人都觉得难以答复这个问题。是的，我们可以敲个键就为自己赚进100万美金，但却不知不觉地被病毒偷走自己所有的东西；我们可以享受网络直销的商品，足不出户就能得到自己任何想要的东西，但可能要忍受永无止境的商品信息的骚扰；我们可以梦想着通过彩票一下子将自己升入百万富翁的行列，但实际上自己浪费掉了大量金钱而这个梦始终没有实现。你的生活看起来是有条不紊的，但感受到的绝不是轻松愉快，而是深陷于压力的网中。

其实，很难说是你成就了复杂的生活还是它成就了现在忙碌不堪的你，要相信轻松即是美好。以下一些方式可以让你从忙碌的生活中解脱出来：

1. 不必每天都读书看报。也许你订阅一份旅游和休闲的杂志，原本是为了给自己的生活增添更多的乐趣。然而，现在的杂志堆积成山，订阅杂志之后花在阅读上的时间增多了，而实际上你也少有时间去实现一个个的旅游梦想。其实旅游的时候，只需提前几个星期去一趟图书馆，就可以轻松地敲定旅游的目的地。

2. 慎用科技。有一些事情，用电脑和其他一些高科技设备可以做得很好。但是另一些事情用纸和铅笔等工具来做会更容易一些，也让自己较少受到机器的控制。比如在电话机旁边留几个便笺会比来电话时手忙脚乱地打开电话程序记录信息更有效便捷得多。

3. 让你的工具功能单一化。看到每种科技产品的优点和缺点，这样就很容易让事情简单化。例如，在买手机之前，需要对它的使用说明有一个清楚的了解，不要试图让它具备几种本来用不上的功能，否则只会浪费你的金钱和时间，更会让事情复杂化。

4. 准备一本简单的使用手册。你是否已经把装有简易按钮的微波炉换成了电子触控或具有多种功能的新型微波炉？而且其中一些功能你从来也没有用过？再看看你的电视机、录像机、音响，甚至包括你的汽车。生活中所有的电子设备都比以前的产品具有更多的功能，而由此带来的必然是厚厚的使用手册（内容太繁杂，你甚至连怎样设置时间也没有弄明白）。那么，为什么不买使用说明最简单的产品呢？它们也许不会有那么多的功能，但是只要能满足你的

第二章

让匆匆的脚步慢下来

需要，简单就行。

不管你的生活还会出现什么样的问题，只要分配好你的时间、简化你的物品，不要让你的生活为了"变得出色"和拥有了能向别人炫耀的高科技产品而搞得烦琐复杂、压力不断。要知道，你已经够累的了。所以，从现在开始，不要盲目追赶时尚，让一切变简单，就是走向简单生活的第一步，然后你就可以尽情地、有滋有味地享用从麻烦中解放出来的时间了。

7. 不要为过多的物质所累

在你的生活中，物品占据着足够的分量，你大量地囤积物品，不是因为有所需求而是一种习惯，一种被广告左右的习惯。也许你可以称为兴趣爱好，可是那么多的东西侵占了你的"领地"之后，收集的乐趣就被淹没在杂乱无章中了，于是你开始抱怨家中秩序的混乱，抱怨花大量金钱和精力购来的货物却像垃圾一样堆积成山，有时你不得不为它们另谋出路——送人或是扔掉，因为这些物品在你的家中已经多得泛滥成灾了。不管你愿不愿意相信，过多的物品一定会变成生活的负担，哪怕你曾经那么的梦寐以求。

25岁的许小姐是某时尚品牌的区域经理，每个月至少可以拿到

5000 元人民币左右的薪水。按理说，工作几年了，银行账户上怎么也应该有个几万元的存款。可事实上，她的账户上从来没有超过5位数。"家里人经常抱怨，每个月 5000 元都不够花，从来也不为将来考虑。但我认为：赚钱的目的就是为了享受高质量的生活，而为了享受高质量的生活，即便将钱花光也无所谓。而且我自己做的就是时尚品牌，没有时尚陪伴的日子我都不知道该怎么过。"许小姐称，为了紧跟时尚的步伐，她经常光顾高档购物中心，一次就能买下几千块钱的衣服。"工作那么累，如果再不好好犒劳自己，那挣钱还有什么乐趣？"除了购物之外，为了宣泄工作的压力，她还是酒吧的常客，常会在晚上请几个朋友去喝个痛快。这样不仅耗光了她的钱财，而且她的家里简直就是个高档服装收纳所，仅一个屋子的大衣柜里就挂着上百件的时装，而其中大部分根本就是许小姐买回来就直接"收藏"了，连一次让她"临幸"的机会都没有。

物品的压力几乎是每个人都必须重视的一个问题，尤其是生活在都市里的白领"月光族"，一个月几千块钱的薪水不够用，信用卡还被刷爆了，大量囤积奢侈品：堆成山的鞋子，满满一中型储存箱的高级口红，以致每次出门前都要在这些东西面前徘徊很久。这时你消耗掉的不只是金钱，还有精力。当家里某种东西多得让你不知所措的时候，你就会丧失对某些漂亮东西的兴趣和审美能力。当再次面对它们的时候，你将不再欣喜，而是马上逃离，将自己隐藏起来，因为你已经受不了这些东西带来的压力了。

其实，有时候远距离观察才能更懂得橱窗里一件物品的美好之处。当那件物品在商店里，和一堆其他的五颜六色的同胞们在一起，倒是很令人赏心悦目，如果当真一时冲动把它带回家，可能就会马上变得平庸至极、粗俗不堪，然后就会对自己的购物水平产生怀疑。其实这并不能说明你审美观有问题，而是你当时在这件东西面前欣赏"万花丛中一点红"的乐趣所在。

如果物品的堆积已经让你感到厌烦，迫切地想要从这间烦闷的屋子里逃脱出去，你可以试试以下这些应对方法：

1. 不要再购买了！由于你已经拥有很多这样的东西，你在采购过程中就要避开商场中的某些区域，以慢慢改正自己的采购"恶习"。在家里一些地方保持一定的空间是明智的，档案柜里、书桌抽屉里、衣柜里、橱柜里、储藏室里、书架上、壁炉上和壁架上。把这些地方塞满并不需要，让它们保持整洁空闲，就不会在心理上再感到有东西杂乱无章的压力了。

2. 严格把关。从今以后，要保持简单的个人物品，对每一个进入家门的物品要再三权衡。不论是纸张和文具、小饰品、厨具、衣服，还是家具电器这样大件的物品，都要警觉地明确哪些是自己目前真正需要的。在采购之前认真检查即将进入你个人王国的物品新成员，你就可以避免以上这些繁复的劳动。

3. 采购时要问自己几个问题：它会对我的生活产生什么影响？会改变我的生活吗？我真的需要它吗？如果我决定留着它，以后容易清除吗？不保留它会有什么后果吗？它会让我的生活更简单方便吗？

4. 把多余的物品捐献出来。最快捷的捐赠方法就是直接把东西交给需要的人，或者捐给地方上的收容所。通常那些地方的工作人员知道哪些人需要这些物品并且替你把东西发放出去，这样你还可以得到精神上的满足和自豪感。

试着把自己从物品的压力中解救出来吧。清静的生活、整洁的空间、方便的打扫，再没有比这些更让人感到舒服的日子了。

8. 主动去寻找快乐

在通向成功的道路上，每一位渴望成功的人都会碰到很多困难与挫折，这些困难与挫折常常会使人感到痛苦与折磨，进而感染人的情绪，使人不快乐，甚至对前途一片茫然与悲观。有什么办法可以摆脱这种因困难与挫折而带来的悲观与失落呢？

在生活中，要想获取长久的快乐，其先决条件是生活应充满目标，要力争那些超越自我的东西。根据我们的经验可以发现，真正的快乐来自寻找多姿多彩的生活，来自丰富多彩的现实生活，来自人类力量的健康开发。

寻找快乐并不是一味地为快乐而追求快乐，其实那将是失去快乐的开始。实践表明，一个人一味地追求快乐永远不会获得成功，你越追求，获得快乐的可能性就越小。

寻找并获得快乐的方法是努力去做一些不会直接带给你快乐的事情，如此，快乐才会降临到你的身上。假如你发挥自身的才能并使自己成为某一特殊领域的行家，你就会实现快乐和成功。成功与快乐只属于这些人，他们不把寻找成功和快乐作为自己的目标，而是争取出色地完成某一任务。假如你努力帮助他人获得快乐，你也会获得快乐。

对于获得快乐的人来说，快乐是永无止境的。而给予快乐的人却认为快乐来自工作、努力与对目标的追求，快乐与成功的核心是成果而不是享乐。

假如你在自己的工作中看到了进步，你就会感觉到其中的快乐。这一过程意味着你劳动的成果，而成果则意味着给予。正所谓："快乐在追求时会逃避，在给予时会回来。"

理解快乐的一种途径是研究快乐的人。想想你认识和看到的那些流露出快乐的人，他们的快乐来源于什么？你能从他们身上学到什么？

当你遇到某人的时候，总要问自己这样一个问题：是什么使他变得很特殊呢？要看到他人身上焕发出来的闪光的东西，因为每个人都有自己闪光的一面。有一种倾向是只看他人的缺点，这是不对的。很明显，我们的个性都混杂有好坏两方面的因素。假如你养成只看坏处的习惯，那么你看到的一切都会是一无是处。

9. 别让塞车坏了好心情

你有没有过乘车上班的经历？不论你窝在私家车还是公共汽车里，拥挤的交通环境可是不分贵贱一律将你卷入其中，堵车已经一个小时了吗？没有比这再正常的事情了，不堵车才算是稀罕事。于是到了节假日，人们宁愿待在家里守着枯燥的电视剧看得昏天黑地也不愿去看看名胜古迹，不想去公园，不想到朋友家去玩。为什么？因为大家都不愿把宝贵的休息时间浪费在让人气愤不已的交通上。

据调查，北京市的上班族每天花费在乘车上的时间平均是 3 小时，也就是说，这些社会精英的生命有一小半都消耗在上下班的路途中了，如果你想利用这段时间来读书、做其他事情也是不可能的，人多得都要挤爆车厢了，在这种情况下你不可避免地会出现严重的焦虑情绪，并且影响到你工作时和回家后的精神状态。城市的交通压力已经变成上班族最"痛恨"却无可奈何的一件事情，还被写入环境学的教学课本。

有人为了 8：30 能准时到公司，必须 6：20 就起床，花 15 分钟把自己收拾利落走出家门，等到晚上回到家就已经 19：30 左右了。

一天中，至少有 4 个小时要待在公交车上，这还是不用加班的正常作息时间。如果你不能让自己像个钟表那样准时的话，等待你的结果就肯定是迟到和扣工资。

交通问题给人们的生活已带来无法估量的影响了，尽管多数人还是向往城市里的工作，希望在繁华地段的公司里上班，因为这样能享受到物质的便捷和更高标准的生活方式，得到更加新鲜的潮流资讯。但事情都是利弊共存的，你在享受最尖端潮流的同时也要忍受交通不便的困扰。不是因为车辆不够多，恰恰相反，车辆过多的结果使谁都无法快速地回到自己的家中，而只能在等车与堵车中一遍又一遍地考验自己的毅力和耐心。不光是在工作日会出现交通压力的问题，休息日外出购物的时候、节假日走亲戚的路上、去公园的路上、去景点的路上、去郊外的路上……你所能想到的休闲方式别人也都能想到，所以你又一次被截在半路上了。试问，在这种情况下你还有什么心情去享受自己的休闲之旅？所以，人们已经开始达成某种共识——待在家里是躲避交通压力的最好方法。

缓解交通压力所给你的生活带来的痛苦影响虽然没有特别有效的方法，但至少能让你的心情保持舒畅，不那么烦躁，至少能让你不必在清早醒来就开始无休止的抱怨，不必面对乘车有一种恐惧感，至少能让你在享受自己生活的时候更从容一点儿而不是耷拉着一张苦脸。以下一些方法能让你缓解交通压力：

1. 保证睡眠。如果你有充分的休息，你可能就会觉得压力小一点儿，从清早就开始微笑，乘车时就不会觉得拥挤的人们太讨厌了。

2. 每天晚上睡觉之前将第二天准备带走的物品收拾好，这样会节省你很多时间。

3. 不要加班，因为加班会让你的心情愈加沮丧。

4. 培养一种新兴趣或爱好，如果你家附近有方便的运动设施的话。购物也尽量找附近的商店，因为那样不仅节省时间，更不会破坏你的购物好心情。

5. 如果你想做一次较远距离的游玩时就不要打今天必须得赶回家的主意，因为那样不仅让你玩不好，还会增加你的紧迫感和压力感。还是集中一段时间让自己痛痛快快地玩一回吧。

6. 在公共汽车上听 MP3 之类的东西会缓解压力。

7. 经常维护汽车。细微调整、换润滑油以及检查轮胎是否气足等简单的事情能省去你很多麻烦，也不会让你因为突发的汽车故障成为阻碍交通的罪魁祸首。

从现在开始，不要再让交通问题成为你美好生活的一大杀手了。抛开恼人的交通，你会发现有许多事情在家的附近就可以办到，选择这种安步当车的简单生活，就是选择快乐不塞车的自在。

第二章 让匆匆的脚步慢下来

10. 用心体验旅行中的美好

　　旅游是现代人工作之余最想做的事情了。然而，想要获得一次开心的旅游经历却不是一件容易的事，在旅游的小天地里会在所难免地出现很多问题，这些都会给你带来不小的压力，但总不能因为一叶障目而不见泰山，轻松地想办法解决掉旅游过程中一个个蹦出来妨碍你美好心情的拦路虎，旅途的天空就会重新灿烂起来。

　　不论你是刚领到第一个月薪水的职场新人，还是在高级格子间化着精致妆容的白领，没有一个人会拒绝旅游过程中所带来的自在放纵的心情和见到不同事物的那份诧异和惊喜的新鲜感。

　　旅游就是这样一个神奇的魔棒，它能让不同阶层的人成为朋友，让亿万富翁和田间的农民侃侃而谈，让河里的一块卵石被捡到它的游客小翼翼地保护起来，享受当宠物的感觉。在旅途中，你没有了尊崇或是卑贱的身份，有的只是强健的身体和丰富的知识、睿智的大脑，你只是一名行者，一名愿意领略自然、接受自然、挑战自然的普通人罢了。但无论如何，你的快乐心情和所有人都是一样的。

　　不过要注意的是，旅游确实也存在一种压力，要解决它就要注意在踏上征程之前做大量的准备，否则今后出现的困难也会与你的

56

准备工作的不完善程度成正比。

1. 旅行中的行李箱。选择较轻的行李箱，这样即使你装满个人用品和衣物也不会太重，让沉重的行李耗费掉体力和好心情的话真是一种罪过。

2. 提前订好你的机票和喜欢的座位。这样你就不会因为交通问题而不得不放弃筹划了好久的旅游计划了。

3. 利用好旅馆的设施，化妆和清洁用品尽量少带，装在尽量小的盒子里。肥皂和洗发水这些旅馆里有的东西就不要带了，订旅馆房间的时候，问清楚能提供哪些用品。

4. 搭配组合，尽量减少携带的衣物。巧妙地选择你的旅行衣服，你就可以用几件衣服搭配出很多套装束来。两件 T 恤和两条短裤或长裤互相组合，能够穿上 4 天时间。一些装饰品可以让你选择的空间更大。

5. 装箱有技巧。装行李箱的时候，鞋和其他较重的物品放在底层，然后是较轻的物品，最后是易皱的物品放在表层。用塑料袋将物品分开装，在返回的时候装脏衣服。

6. 如何识别个人行李。使用带有个人照片的行李识别标签，这样能够防止别人冒领你的行李。如果带小孩子旅行，给他买一个装个人照片的手镯。大多数的机场商店、廉价商店和旅行用品店都有售。在钱包里带一张孩子的照片，以防他走失。

7. 选择滚轮行李箱。你不用携带手提行李箱，只需拖在身后，旅行起来更加轻松。大多数的滚轮行李箱都是为了在飞机过道上拖动，然后放入头顶的小柜或塞在座位底下。所以一定要选择最好的行李箱。

第二章　让匆匆的脚步慢下来

不要觉得这样做过于麻烦，你要知道做好准备是享受旅游的前提。如果你觉得小细节可以忽略不计的话，出现了源源不尽的困难后你就会后悔并为之付出代价了。旅游是一件快乐的事情，本来是用来排解压力的良方，可是很多人就是不能从中得到休息和放松，还憋了一肚子气回来，原因就在于他们忘记了旅游本身也具备压力，只是过分强调它的美好了。

其实，当你度过最美好的一个假期、最令人精神振奋的一段旅游时光后，你就会发现，归功于准备工作的充分，才使旅途如此轻松。当然，剩下的时间就完全由心情做主，欣赏天地间的美景还是人文古迹，吃法国大餐还是杭州的小笼包就全看你个人的喜好了。

旅游的时尚味道是酸是甜、是欣喜是沮丧都在于你，在于你以什么样的方式去着手处理它所带来的各种问题和压力。可以说，是压力造就了完美的旅途，压力让旅途日记开心与美好。

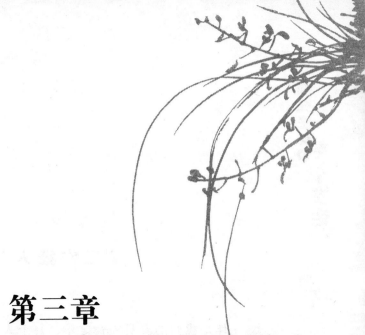

第三章
劳逸结合，让紧张的状态得以缓冲

　　工作中，我们经常可以看到一些人把自己弄得跟发条一样，每时每刻都处于紧张的状态，其实这种工作方式并不可取。万事万物都有自己的规律，而人体也需要通过休息来补充工作消耗的能量，如果只消耗而不补充，迟早会造成失调。所以我们应该注意劳逸结合，让自己紧张的状态得以缓冲，只有这样才能提高工作效率。

1. "工作狂人" 不可取

工作是我们的安身立命之本，每个人都应该努力工作，为自己、为社会创造价值。但是要知道，工作不是生活的全部，工作是为了更好地生活。如果为了工作而让自己失去了生活的乐趣，就不免舍本逐末了。

当走进社会，从第一天工作开始，麦斯礼心里只有一个目标——希望自己在30岁的时候能挣得一个好的位置。由于急于表现，他几乎拼了命地工作，别人要求100分，他非要做到120分不可，总是要超过别人的预期目标。

29岁那年，麦斯礼果真做到主管的位置，比他预期的时间还提早了一年。不过，他并没有因此而放慢脚步，反而认为是冲向另一个阶段的开始，工作态度变得更"疯狂"了。那段时间，麦斯礼将整个心思完全放在工作上，不论吃饭、走路、睡觉几乎都在想工作，其他的事一概不过问。对他而言，下班回家只不过是转换另一个工作场所而已。

拼命工作的结果不仅使他与家庭产生了距离，更是因要求严格与员工形成对立的局面。而他自己其实也过得并不舒服，常常感觉处在心力交瘁的状态。

当时，麦斯礼不认为自己有错，觉得自己做得理所当然，反而责怪别人不知体谅、不肯全力配合。不过，慢慢地他也发现，纵然自己尽了全力，为什么却老是达不到自己想要的？35岁以后，他才开始领悟自己过去的态度有很大的错误，处处以工作成就为第一，没有想到工作只是人生的一部分，而不是全部。麦斯礼不否认"人应该努力工作"。但是在追求个人成就的同时，不应该舍弃均衡的生活，否则就称不上"完整"的人生。

重新调整之后，麦斯礼发现他更喜欢现在的自己了，爱家、爱小孩儿，还有自己热衷的嗜好。他没想到那些过去不屑、认为浪费时间的事现在却让他得到非常大的满足。对于工作，他还是很努力，但是开始注意劳逸结合，不再拼命地加班加点。

在这个以工作为导向的社会里，出现了无数对工作狂热的人，他们没日没夜地工作，整日把自己压缩在高度的紧张状态中。每天只要张开眼睛，就有一大堆工作等着他。但是这样的生活毫无乐趣，如果你是这样的人，一定要跟麦斯礼学一学。

忙的时候就应该专心忙，认真工作、讲究效率。如果忙的时候老是想着闲的乐趣，是忙不出什么效果来的。星巴克咖啡在全球每5个小时就开一家分店，总裁舒尔茨用全球时区来做时间管理区隔。清早与上午，他专注欧洲的事务，接下来的时间留给美国业务，晚上就和亚洲通信。

闲的时候就应该专心闲，如逛街、郊游、听音乐等。如果闲的时候老是惦记着没忙完的事，是无法获得任何乐趣的。

美国著名企业家李·艾柯卡，被美国人推崇为"企业界的民族英雄"，按照常理，他应该是个大忙人，但他善于处理忙与闲的经验之谈是值得我们借鉴的。他说："只要能够专心致志，善于利用时间，做生意就一定能够成功，其实做任何事都一定能够成功。但是，你必须懂得什么时候该忙、什么时候该闲。自上大学以来，我每周一直在平日努力研习功课，设法空出周末来陪伴家人，或者娱乐一下。除非是紧要关头，不然我永远不会在星期五晚上、星期六或星期天工作。每个星期天晚上我都集中精力计划下一周要做些什么。这基本上是我在利海大学养成的习惯。"

忙与闲应该有机结合，在人生的路上踏着和谐的生活节奏前进，才有利于工作和身心健康。如果顾此失彼、本末倒置，不仅会影响工作效率，也会影响生活质量。

2. 别让 "永不休息的鬼" 把你的生活吞噬

人一生几乎有 2/5 的时间用于睡眠，再加上其他休闲娱乐的时间，真正工作的时间只有 1/3。很多人想，如果我能把全部的时间都用在工作上，那岂不是能比别人获得更高的成就？理论上是这样，但这种假设在现实生活中却不能成立。

集市上有人在卖鬼，吆喝声十分响亮，吸引了很多人。一个过路的人壮起胆子去问卖鬼的人："你的鬼卖多少钱一只？"

卖鬼的人说："200 两黄金一只。我这只鬼很稀有，它是只巧鬼，任何事情只要主人吩咐，全都会做。它又很会工作，一天的工作量抵得 100 个人。你买回去后，只要用很短的时间，不但可以赚回 200 两黄金，还可以成为富翁。"

过路的人非常疑惑："这只鬼既然那么好，为什么你自己不使用呢？"

卖鬼的人说："不瞒你说，这只鬼什么都好，唯一的缺点是只要一开始工作，就永远不会停止。因为鬼不像人，是不需要睡觉休息的，所以你要 24 小时从早到晚把所有的事吩咐好，不可以让它有空闲。只要一有空闲，它就会完全按照自己的意思工作。我自己家里的活儿有限，不敢使用这只鬼，才想把它卖给更需要它的人。"

过路人心想自己的田地广大，家里有忙不完的事，就说："这哪里是缺点，实在是最大的优点啊！"

于是他花 200 两黄金把鬼买回家，成了鬼的主人。他叫鬼种田，没想到一大片地两天就种完了。他叫鬼盖房子，没想到 3 天房子就盖好了。他叫鬼做木工装潢，没想到半天房子就装潢好了。整地、搬运、挑担、舂磨、炊煮、纺织，不论什么，鬼都会做，而且很快就做好了。短短一年，他就成了大富翁。

但是，他和鬼变得一样忙碌，鬼做个不停，他便想个不停，他劳心费神地苦思下一个指令，每当他想到一个困难的工作，例如在一个核桃核上刻 10 艘小舟，或在象牙球上刻 9 个象牙球，他都会欢喜不已，以为鬼要很久才会做好。没想到，不论多么困难的事，鬼总是很快就做好了。

有一天，他实在撑不住便累倒了，忘记吩咐鬼要做什么事，于是，鬼把他的房子拆了、将地整平、把牛羊牲畜都杀了，一只一只种在田里，将财宝衣服全部磨成粉末……

正当鬼忙得不可开交时，他从睡梦中惊醒，才发现一切都没有了。

这是一个寓言故事，在真实世界中当然不会发生这样的事情，可是这个"永不休息的鬼"却藏在每个人的心里，所有人都希望自己可以永不休息，如此自己就有时间干更多的事情，可是这样不停地工作真的是一种幸福的前兆吗？真的是一种人生的幸福吗？恐怕幻想成真时，你也会像那只"永不休息的鬼"一样把生活都吞噬了。

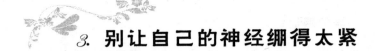

3. 别让自己的神经绷得太紧

人到中年便会增加很多压力，这个年龄段的人在社会是中坚，怯懦不得；在家庭是柱石，动摇不得。为了不负众望，人们只好使尽浑身解数去较量角逐，直至身心交瘁。何必让自己终日疲惫不堪呢？忙里也要偷点儿闲放松一下。

不停地奔波、拼命工作却永无止境，如同奔跑在一条环形的跑道上，无论你怎样坚持，实际上却怎么也找不到起点，也永远没有终点。于是，人就不再成为生活的人，已经变成了工作的机器，似乎只需要持续地工作就行了。

生活中，造成人们这种经常性精神紧张的原因主要源于自身定力的缺乏。人们不习惯松弛大脑，总是把注意力放在"下一步该做什么"上。进餐时，似乎忘记了口中佳肴的美味，却一味琢磨着"将会上什么甜点"；甜点端上餐桌后，又开始考虑晚餐后"该做什么"；而到了晚上，又思索周末的安排。

而下班后，当我们带着一身的疲惫回到家中，不是躺下休息片刻，陪家人聊聊天儿，而是立即打开电视查看股市信息、拿起话筒与人通话谈论第二天的工作安排、翻书开始阅读、或是开始打扫卫生……我们真的害怕"浪费掉"哪怕只是一分钟的时间，我们似乎总是在为将来而生活，为幻想中的美好前景而生活。

但是，一个人如果神经总是绷得很紧，就会觉得日子平淡乏味，并且很容易产生"疲劳综合症"。因此，人生既需要努力拼搏，也要善于休息和娱乐、学会享受生活，从而在平淡的日子里产生出一种不平淡的感觉。

美国东部的一个小镇上，人们的生活方式就是这样的：他们很少有事"去做"，并会对你说："无事可做对你有好处。"你可能会认为主人是在跟你开玩笑，但主人却很认真地告诉你："我为什么要空耗时间、选择无聊呢？"如果你能给自己分出一点儿闲暇、花上一个小时或短一点儿的时间什么事都不做不想，你将不会感到无聊与空虚，你会体会到生活的轻松愉悦。也许开始时你很不习惯，毕竟你是忙惯了的人，如同一个生活在大工业城市的人初到乡间时会对新鲜空气很不适应一样。但只要坚持做下去，就能体会到放松身心的好处。

如果放慢脚步，你就会发现在这个世界上确实有许多美丽可爱之处值得你去发现和欣赏。北宋时期著名学者程颢在《春日偶成》诗中写道："云淡风轻近午天，傍花随流过前川。时人不识余心乐，将谓偷闲学少年。"意思是：在云淡风轻、晴朗和煦的春天，正是接近中午的时分，诗人信步走到了小河边、田野里，一簇簇的野花沐浴着春日的阳光，灿烂盛放，河边的垂柳更是在春风里轻柔地摆着。旁人看到诗人这么悠闲，还以为诗人聊发了少年狂，像年轻人那样贪图玩乐呢，哪里知道诗人此时此刻心情的惬意恬静呢？此时此刻，春天大自然的明丽柔美与诗人自得其乐的闲适心情有机地融为一体。

当然，我们并不是想让大家学着偷懒，而是学会一种生活的艺术：忙里偷闲、享受生活。而要做到这一点，无须探寻任何技巧，而且随时随地都可以做到，只要允许自己偶尔忙里偷闲、无事可做，然后有意识地坐下来，停止手中的工作就可以了。

英国的一位经理人曾说过："当我脱下外套的时候，我的全部重担也就一起卸下来了。"我们要学会在日常的生活和工作中善于脱下乏味和疲劳的外套。除了利用休假旅游和娱乐之外，在办公室里自我调节也有不少"脱外套"的方法，你可以望望窗外的景致，也可以体味一下大脑的思维和感受，一切顺其自然、不加控制即可。还有一位大公司的总裁经常在工作紧张的空隙把房门紧闭，在办公室内跳椅子，美其名曰"室内跨栏"。大发明家爱迪生在枯燥的千百次实验中，常常用两三句诙谐的笑语逗得大家哈哈大笑、前仰后合。而林肯更胜一筹，他能在事态严重、大家精神紧张、面临很大压力的时候用诙谐的语言或幽默的举动将阴云密布的局面冲破，以使大家心情松弛、思想活跃，寻找出解决难题的最佳方案。

实际上，许多真正的成功者都是忙里偷闲的行家里手，都是心态健康平和的人，他们或者每天至少抽十几分钟的空闲进行沉思或神游，或者不时亲近一下大自然，再不然就躲进洗澡间舒舒服服地泡上半个小时，让自己放松下来。

一位医生举起手中的一杯水，然后问因劳累过度而住院的病人："你认为这杯水有多重？"病人回答说大概 50 克左右。

医生则说："这杯水的重量并不重要，重要的是你能拿多久。拿一分钟一定觉得没问题；拿一个小时，可能觉得手酸；拿一天，可能得叫救护车了。"

其实这杯水的重量是一直未变的，但是你如果拿得越久，就觉得越沉重。这就像我们承担的压力一样，如果我们一直把压力放在身上，不管时间长短，到最后我们都会觉得压力越来越沉重而无法承担。

我们必须做的是，放下这杯水，休息一下后再拿起这杯水，如此我们才能够拿得更久。

美国哈佛大学校长在来北京大学访问时，曾经讲了一段自己的亲身经历。有一年，校长向学校请了 3 个月的假，然后告诉自己的家人："不要问我去什么地方，不要管我生活得怎样，我每个星期都会给家里打个电话、报个平安。"

校长只身一人去了美国南部的农村，尝试着过另一种全新的生活。他完全抛弃了自己的身份，到农场去打工、去饭店刷盘子。在地里做工时，背着老板抽支烟或和自己的工友偷偷说几句话。这些有趣的经历都让他有一种前所未有的愉悦。

最后，他在一家餐厅找到一份刷盘子的工作，干了几个小时后，老板把他叫来，跟他结账："没用的老头儿，你刷盘子太慢了，你被解雇了。"

"没用的老头儿"重新回到哈佛。回到自己熟悉的工作环境后，他觉着以往再熟悉不过的东西都变得新鲜有趣起来，工作成为一种全新的享受，这3个月的经历新鲜而有趣。更重要的是，回到一种原始状态以后，就如同儿童眼中的世界，一切都那么有趣，也不自觉地清理了原来心中积攒多年的垃圾。他通过这种定期给自己的心理清污的方式，更好地享受到了工作和生活的乐趣。他的做法可谓别具一格。

其实我们应当每天都安排好自我放松的时间，让身心得到休息，一般30分钟即可，如果心情过度紧张可酌情延长，可以每隔一段时间和爱人讨论一下家务事，这种经常性的沟通不仅能增进夫妇感情、消除不必要的误会，也可以及时发现问题并妥善解决。休闲时多看喜剧、听听音乐，保持心情愉快。工作未做完之前，不要给自己一再加码，因为如果工作超出自己能承担的限度最容易让人心烦意乱。而适度地放松，工作起来才更轻松、更有成效。

生活中，经常见到一根绷得过紧的琴弦容易断；经常见到一个日夜精神高度紧张的容易生病。因此不要把自己搞得心烦体倦，再忙也要给自己留点儿空闲时间。

第三章　劳逸结合，让紧张的状态得以缓冲

4. 劳逸结合效率高

俗话说："磨刀不误砍柴功。"研究表明，劳逸结合更能提高做事的效率。有的人为了把工作完成得尽善尽美，晚上经常加班加点开夜车，久而久之，人累得疲惫不堪，不但不能提高工作效率，身体素质也开始下降。人是血肉之躯，不是机器，只有劳逸结合才能让自己工作得更有效率。

人的生命有 1/3 是在睡眠中度过的，睡眠对于人来说就如同阳光、空气、水一样重要，所以我们一定不能忽视睡眠。做事刻苦努力固然好，但凡事都要有个限度，超越限度就会走向反面。如果只是勤奋做事而不注意睡眠、休息，不仅不能提高做事的效率，反而会影响身体健康。孔子的得意门生颜回是个做事非常勤奋的人，他能"闻一以知十"，但因不注意身体，29 岁头发都白了，31 岁就死了。唐朝著名文学家韩愈年轻时，"口不绝吟于六艺之文，手不停披于百家之编"，到了"年未四十，而视茫茫，而发苍苍，而齿牙动摇"。所以，我们应当把时间安排好，该做事的时候做事，该休息时休息。

把一天的工作、休息、锻炼身体等活动交错进行安排，可以提高效率。这是因为大脑细胞长时间接受一种信息刺激，长时间持续同

70

一个活动内容，会导致工作效率降低。如果穿插进行其他内容的活动，人体原有的兴奋产生抑制，会在其他部位出现新的兴奋区。为此，注意变换做事的内容是必要的。例如，马克思写作时从来不是无休止地持续下去，写作累了，就演算一会儿数学题，或停下来散散步，或背诵一段莎士比亚剧本中的人物对话、读一会儿巴尔扎克的名著，或者和孩子们玩上一会儿。接着又精力充沛地投入写作。

生活中有很多出力不讨好的事。为了完成一项任务，我们可能废寝忘食、天昏地暗，只因方法不当，结果事倍功半，当然也就与成功失之交臂。所以在做事时，我们不但要抓紧时间努力，而且要学会怎样提高做事的效率，否则，"抓紧"做事的人有可能被那些轻松做事的人给甩到后面去。

狮王要毛驴负责开垦一块500亩的荒地。

毛驴接到命令后马上行动起来，它领着众毛驴们起早贪黑，干得非常起劲儿。

过了几天，狮王前来视察，看后对毛驴说："怎么用了这么长时间还没开垦出来？要抓紧时间，争取下个月完成。"

毛驴一听傻了眼，心想自己没日没夜地干还干不好，要下个月完成，这怎么可能呢？这么大一片地！

因此，毛驴整天愁眉不展，茶饭不思，又加上日夜操劳，瘦了一大圈。一天，一只狐狸悄悄地跑来对毛驴说："毛驴兄，你干活儿要办想法提高效率，也要讲究点儿策略，你没见狮王每次来都在公路上转一圈便走吗？什么时候到地里去看过？你不妨先把路边的地开垦好，至于里边的你再慢慢开垦！"

"唉，也只好如此了。"毛驴无奈，便听从了狐狸的建议，只把路边的地开垦了出来，并种上了庄稼。一个月后，狮王又来视察，它看见地已开垦出来，庄稼也已长出了小嫩苗，很高兴，当即表示奖励毛驴10万元钱。

毛驴用这些钱雇了几十台机器，把余下的荒地也开垦了出来。

第二年，毛驴因"政绩突出"，被调到了狮王府。

这则寓言告诉我们，做事既要注重效率又要讲究方法策略，有些时候要获得成功，必须在抓紧努力的同时在提高效率上多下一些工夫。

你也许和一位在会议桌上疲惫不堪的推销员一样，一天到晚忙得动弹不得。你向一位想要买东西的人游说，但在紧要关头却没有招待好另一位顾客。你急着想把东西推销出去，可是当客人在订货单上签字时，又有一个人抓住了你的袖口，问了一个你难以回答的问题，就在你要回答问题时，你突然想起你原本要告诉第二位客人一些事的，所以你搁下手边的事情，趁着在这件事情还没忘掉之前打个电话告诉他。可是就在你等他接电话的当儿，不断有人走进摊位向你询问产品……

从早到晚，你就这样一直忙碌不堪。你忙个不停地向数以百计的人推销，却没有达成一宗交易，收效为零。这种做事方式使你无法控制自己的时间和精力，是极不可取的。

不要充当工作机器，不要只会机械地往前冲，多留点儿时间休息，多审查、评估一下自己的工作绩效才能增加你的实力，让你工作起来更有效率。

5. 你忙到 "点子" 上了吗

现实生活中，我们总会看到有这么一群人，他们总是忙忙碌碌的样子，看起来勤勤恳恳，似乎总有忙不完的事。可事实上，很多人并没有忙到"点子"上。

张先生曾经有一个叫冯明的同学，每次见到冯明的时候，他都是在忙个不停。一次，张先生忍不住问他为什么这么忙碌。

"唉，时间太少了，可我要做的事却太多了。"话还未说完，他又急匆匆地向前赶去。

大家一定会认为冯明在事业上非常成功吧，可是据张先生从中学认识他到现在的 20 多年里，他从未见过冯明在哪一方面有杰出的表现。

大家不免产生疑问：他一天急匆匆的，既没有时间休息，又没有时间娱乐，那么他到底在忙些什么？一次借着和他商量工作的机会，张先生发现了这个问题的原委。

这天，当张先生早上 8 点半到公司找他的时候，他就已经在办公室很久了。刚一踏进他的办公室，张先生就吓了一跳，凌乱的文件到处都是，桌子上、书架上堆满了各种各样的资料。

第三章 劳逸结合，让紧张的状态得以缓冲

　　看见张先生进来，他从文件堆里抬起头，客套话也不说就谈起工作来。张先生也不敢懈怠，与他就公司的下半年工作计划讨论起来。讨论中，张先生需要公司去年的策划方案做参考，于是他就在一大堆文件中翻起来。很显然，他并没有将文件归类，等他终于找到这份方案时，桌上的文件已被他翻了一大半，弄得乱七八糟的，时间也浪费了近20分钟。

　　他们继续谈下去，又涉及公司往年的业绩，需要查一下这方面的资料，于是他又在书架上一本一本地寻找起来，这一次花了近半个小时。不一会儿，一家公司打电话向他要产品介绍，他再次停下来乱翻一气，这又花费了20多分钟的时间。

　　看到这儿，张先生以往的疑团全部解开了，原来他的时间都花在了根本不必要的麻烦上面。张先生认真地提醒他："你为什么不花点儿时间把这些东西分类整理一下呢？"他大声抱怨道："你看我一天这么忙，哪有时间啊！"

　　从那以后，张先生再也不敢跟这位朋友打交道了，他实在不敢再花时间和他耗下去了。

　　在我们的身边常常可以见到像冯明这样的人，他们总有一种时间不够用的感觉。但是，当他们回首往事的时候，却发现自己并没有做多少有意义的事，其实他们是把时间浪费在根本不必要的麻烦上面，原因就是没有计划。因此，如果你想生活得轻松自如，就应该学会如何安排好自己的时间，学会做事时分清轻重缓急，学会照顾全局。在做事之前考虑一下自己这一天一共要做几件事。列一个任务表，并且按照优先次序对各项任务进行时间预算或分配，这样做会对你十分有益。

还有的人除了自己分内该忙的事情外，更多地去忙些不该忙的。如为了面子、关系忙应酬；为了增加物质享用或虚荣而忙赚钱；为求地位忙着奔走钻营，结果弄巧成拙，荒废了自己的人生主业，反而不如只一心一意地经营自己分内的、感兴趣的事情，如此，不但更容易成功，而且这样的人生也更有意义。

一位妇人将她家门前的草坪铲掉了，邻居惊讶地问她："这么珍贵的草坪铲掉多可惜呀！"

妇人答道："为了这草坪，春天我要松土施肥；夏天我要修剪整形；秋天要重新播种。年复一年，为此我花了很多时间。可是又有谁需要它呢？

现在，她家的前院是一片翠绿的长春花，年年春天开满鲜花，又不必费工夫管理，这样她就有时间去干点儿她真正喜欢的事了。

生活中，我们天天为之忙碌的事务并不是件件重要，但却要消耗我们大量的精力、时间，我们不妨放弃这些不必要的负担，就能抽出时间做自己真正想做的事情，如此轻松，相信生活会更美好。

第三章 劳逸结合，让紧张的状态得以缓冲

6. 学会休息才能补充精力

对于一个生活谨慎的人，有着充沛的生命力、就能抵抗各种疾病、渡过各种难关、应付各种打击；与此相反，一个在平日里把气力耗尽、活力用竭的人，常常会经不起丁点儿的打击。

不会休息的人往往以某些名人作为自己的榜样，认为只有废寝忘食、夜以继日地工作、工作、再工作，就一定能够取得优异的成绩，并以牺牲休息为自豪，其实这是非常片面的。

俗话说："会买是徒弟，会卖才是师傅。"从徒弟到师傅的这个过程，就是一个从不知疲倦、不会休息的超人到学会休息、善于休息的普通人的过程。我们相信，对于不会休息的人很有可能也是不成熟的表现吧。在繁忙的工作过程当中，要做到学会休息、善于休息，这样你的生活才会更加多姿多彩，你的人生才会更加轻松。

有很多人可能会感觉到奇怪，休息有谁不会？难道还要学习？但实际上确实有许多人只知道努力地工作，不懂得休息；只知道紧张，不知道轻松；只知道劳，不知道逸。他们常常加班加点，几天几夜地"连轴转"，严重消耗了自身的体力与精力，结果弄得健康状况全线崩溃，甚至最后造成了病魔缠身。你能说这种人会休息吗？

许多名人之所以在工作中做出惊人成绩并非因为他们以牺牲休

息为代价，恰恰相反，他们当中的许多人因为很重视休息才赢得了健康的体魄和旺盛的精力，从而能够更好地、全身心地投入平日的工作当中。其实，这正是他们成就事业的基础和本钱。

丘吉尔作为英国一位很有名气的首相，在任期间，他身上所担负的责任极其重大，工作的繁忙程度可想而知，然而他对于休息却十分重视。在第二次世界大战期间，对于已经70岁高龄的他仍旧日理万机，忙得不亦乐乎，干起工作来却总是那么精力充沛、情绪高涨。这主要得益于他能注意休息，在工作之余能放松自己，充分抓住点滴的时间进行休息。在一般情况下，他每天中午都要睡1个小时，晚上8时吃饭之前也要睡两个小时，即便是在乘车的时候他也会抓紧时间闭目养神般地打个盹儿。

有人曾问过他身体健康、精力充沛的秘诀，丘吉尔说："我的秘诀是：当我卸下制服时，也就把责任一起卸下了。在家里，我就像一只破袜子那样放松。"唐代诗人白居易的："一觉闲眠百病除"的诗句说的就是睡眠对人的健康是多么的重要。

有些人素以工作努力著称，绝对不允许别人影响他的睡眠，哪怕是再重要的事情也不行。

1908年，塔虎脱竞选美国总统，当选举结果公布出来的那一天晚上，辛辛那提的许多绅士名流在凌晨1时左右拜见塔虎脱，但当他们到了他的寓所，看门人对他们说："主人现已入睡，在临睡时他曾再三叮咛，无论当选美国总统与否，今晚不再见客。"他虽然身为总统，也不愿耽误自己的睡眠。而美国的百货商业巨子斯伟特对于工作与休闲也是绝不偏废的，他在每天的 22 时整准时就寝，绝对不允许别人影响他的睡眠，即使发生严重事故也不例外。有一天晚上，电话铃不断地响，仆人唤醒他说："电话报告一家百货公司失火，事态严重，请指示应付方针。"他不愿起身接听，嘱咐仆人回复说："有事到明晨 7 点钟再谈。"这种做法未必可取，然而他对休息的重视程度却至少能给我们一些启示。

有人认为休息与不休息无所谓，即使少休息一点儿也没什么，殊不知，人的精力与体力总是有限的，无休止地工作，不但不能提高工作效率，反而会严重损害健康，是得不偿失的事。没有健康的体魄，哪能谈得上工作效率呢？正确的态度是劳逸结合、动静结合，工作时就应聚精会神地工作，休息时就要尽量放松，哪怕工作再忙也要保证必要的休息。这样不但能提高工作效率，而且精神愉快，有益于健康。陶行知说："适当地休息是健身的主要秘诀之一，千万不可忽略。对于那些忽略健康的人，其实就等于在拿自己的生命开玩笑。"毛泽东说："丧失了睡眠和休息时间，不能保证明天工作的精力。如果有什么蠢人不知道此理，拒绝睡觉，他明天就没有精神了，这是蚀本生意。"我们千万不要做这样的蚀本生意。

对于如今生活节奏的不断加快、竞争压力的日益加剧，迫使现代人必须学会休息，做到科学地休息。科学研究证实，休息是迅速恢复自身精力与体力、提高工作效率的最行之有效的方法。

在通常情况下，人们常常习惯在累了之后才进行休息，工作累了就应该休息，对于如此简单的道理每个人都懂。其实当你感到疲劳时，你体内产生的代谢废物——乳酸、二氧化碳、水分等已积蓄较多，这时休息一会儿根本不能完全消除疲劳。与此相反，在没有感到累的时候便主动地去休息，体内积蓄的代谢废物较少，稍作休息便可将其清除，这也正是主动休息能提高工作效率的奥秘所在。

在现实生活中，不主动休息的现象可谓比比皆是，比如一些人明知道自身有病而仍然坚持工作、为升学而拼命地复习功课、通宵达旦地搓麻将、玩牌等。不论他们的主观动机如何，对其不主动休息的做法都是不符合人体生理规律的，这样将会加速人体器官的衰老进程，导致体质下降甚至疾病缠身。从中医学角度来讲，人需要养生才能保证机体正常的平衡与身心的健康。要想很好地工作，就必须做到很好地休息；不懂得科学地去休息，也就不能很好地去工作。休息绝对不是消极的行为，更不是浪费时间。

7. 你知道如何休息吗

休息可谓是各式各样的。自然，睡眠所占的休息时间最长。人如果不睡觉，生活简直就会变得不可想象。在人的一生中，差不多有1/3的时间是在睡眠中度过。在睡眠时，除了心脏、肺等少数器官在工作外，人体的绝大部分器官，特别是大脑皮层都处在一种安静的休息之中，经过一段静心的睡眠之后，就可以大大消除身心的疲劳。

　　睡觉虽然是一种休息方式，可是并不等于睡得越多，休息得就越好。严格地说，睡觉只能算作是一种消极的休息方式。如果睡眠过多，相反还会使人委靡不振、懒洋洋的。对于一个人来说，每天除了要保证必要的、充足的睡眠时间之外，更重要的是要懂得积极休息。

　　当然，我们通常情况下所提倡的主动休息并不是抛开各种各样的生活乐趣而进行"冬眠"。对于做到主动休息要因人而异，没有一个固定的标准，关键是要能够根据自己的实际情况做到"劳"与"养"适度平衡。休息的方式是多种多样的，比如看电视、听音乐等方式、散步、交谈、看报、下棋、睡觉，等等。缺少睡眠者一定要补充足够的睡眠；对于体力劳动者可采用读书、看报、听音乐等方式；脑力劳动者可采用散步、做操等等方式。不论任何一种休息方式都离不开"放松"两个字，只有让身心彻底地松弛下来，才能取得良好的休息效果，在工作的时候精力才会更加旺盛，重要的是要能够学会休息。在平时的生活中，有很多人经常会陷入休息的误区，其主要表现为以下几种：

　　误区一：只要不运动就是休息。很多人都认为坐在沙发上或躺在床上静止不动就是一种休息，其实并非如此，因为休息的含义是指暂时停止工作。如果一个脑力劳动者即使是坐着或躺着，但是仍然还在动脑筋继续思考问题，那么这根本就不是休息。相反，那些与人聊天说笑、浏览报刊或聆听音乐等一些活动才算得上是休息。

　　误区二：休息得越多越好。休息是身心（大脑）的调整，就好比是为自己进行充电，休息的主要形式是睡眠。适度的睡眠可以消除自身的疲劳，从而恢复精力。至于睡眠时间的长与短则应依据疲劳的程度而定。对于一般工作的成年人来说，夜晚睡 8 个小时足矣。如果睡眠时间过长，那么平时活动时间就必然会减少，要知道静多动少并非好事。因为睡得过多就会使人体气血循环不畅、新陈代谢缓慢、器官功能减弱、免疫功能下降，从而引起多种疾病。

误区三：到了疲劳之后才知道休息。谁都尝过疲劳的滋味是不好受的，谁都知道休息能够消除疲劳，可是不少人干起工作来非要等到疲惫不堪之后才肯休息。对于这种干劲儿我们可以赞扬，但坚决不会提倡。一些知识分子英年早逝，这也是重要因素之一。正确的做法应该是主动休息，即使不疲劳也要做到小憩一会儿，这是对自己的身心十分有好处的，更是预防疲劳、保持精力旺盛的诀窍。如果你手头上有两种工作要做，那么掌握好时间交替进行，如此可使大脑的两个半球在交换工作中获得休息。做与导致你疲劳产生的原因相对立的事，如果因运动而产生疲惫，就静止下来休息；因长时间静坐而疲倦，则可以通过运动来休息。当忙于做一件事情使你头昏脑胀时，不妨换一换做自己最感兴趣的事，如看邮册、下棋，从而达到休息的效果。在消遣性艺术享受中也可以达到休息的目的，比如看小品、娱乐片；听相声、歌曲等。

在工作之余的这段时间里，看电影、电视、唱歌、跳舞、打扑克也是一种非常积极的休息方式。在从事文娱活动时，心情愉快而轻松，可以很好地消除劳动时的紧张情绪。

经常参加体育活动也是一种非常好的休息方式，特别是对于脑力劳动者来说，参加体育锻炼可以增强体质，显著提高工作效率。然而，在体育锻炼中，必须注意从每个人的身体条件出发，做到适

第三章　劳逸结合，让紧张的状态得以缓冲

时、适量。如果锻炼过量，不仅没有得到休息，反而增加了自己的疲劳感。

劳与逸之间存在着辩证统一的关系：休息是为了更好地劳动；而要想更好地劳动，就必须要很好而必要的休息。

中国有句古话，叫做"静若处子，动若脱兔"，这句话中的"静"就是休息、观察、瞄准，"动"就是出击、奔跑、射击。这是一句多么具有辩证唯物思想的话啊。要做到学会休息，需要学习的当然是我们，对于那些事业上取得成功的人们来说，他们似乎天生就是休息的大师。他们可谓是"休息"得最好的一类人，对于我们每个人都应该向他们学习。休息是一种境界，一种克服自己急躁与盲动之后的精神上的升华，让我们大家都学会休息，轻松地享受生活吧。

8. 运动能帮你缓解压力

锻炼身体绝对是物超所值的有益身心的活动，它不仅能让你身体强壮，拥有施瓦辛格般健硕的肌肉或是莎拉波娃般丰满匀称的身材，更是缓解心理压力、辅助治疗心理疾病的妙方，还能让你拥有清醒灵活的头脑。这样在工作中你就能以充沛的精力和敏锐的洞察力脱颖而出了。更重要的是完成锻炼计划后的轻松感会让你在一整天都沉浸在愉悦的状态中。

在繁忙的工作生活中能"偷"出一部分时间来享受健身乐趣的人越来越多了。不是由于时间多得没地方用，而是大家都已经不约而同地认识到健身对身体机能和工作精力的明显作用。科学地安排生活，将体力劳动与脑力劳动有机结合，才能使生活张弛有度，使压力所带来的种种障碍一扫而光。然后，你就会惊喜地发现自己不再被生活左右，你终于能过自己想要的日子了。做生活的主人，这种如鱼得水的感觉真棒。

保持健康绝对是控制心理压力的重要组成部分，你若从事的是伏案工作或是需要耗费大量精力的工作就应该深明此道。这是因为你若拥有好的形体和强健的体力，不仅仅会感到更加自信、更加愉快、更有激情，而且可能会更加精力充沛、斗志昂扬。

先说说经常性地进行体育锻炼的好处，它可改善心脏功能、增大肺活量、保持良好的血液循环、降低血压、减少血液中的脂肪或胆固醇，并改善机体的免疫系统可保证你不患心脏病，使你长寿，它还是一剂缓解肌肉紧张、减轻诸如疲劳等压力症状的弛缓药。在锻炼过程中，身体释放出诸如内啡呔等荷尔蒙，它起到天然的抗抑郁药的作用，使你感觉良好。体育锻炼可改善你的自身形象及容貌，使你建立自信心、增强活力。它还可使你分散精力，而不致无法从日常生活的琐事中解脱出来。

许多的成功人士、在事业中成就不凡的人大多知道运动的好处，同时也是运动的健将。

已故船王包玉刚表示，他每日清早都做 45 分钟的运动，最喜欢的运动是跳绳和游泳。跳绳是常规的运动，他经常跳，游泳也一

第三章 劳逸结合，让紧张的状态得以缓冲

样，他甚至喜欢冬泳。

李嘉诚也喜欢运动，他经常游泳，每天清早打高尔夫球。恒基地产的巨头李兆基和李嘉诚一样也喜欢游泳和打高尔夫球，每年冬天他都会到瑞士去滑雪。

霍英东喜欢的运动是网球、足球和游泳。新世界集团的巨子郑裕彤则喜欢高尔夫球和游泳。

其实，人的健康状况不仅取决于全身各器官、系统的功能和相互协调能力，而且还取决于整个身体对自然和社会环境的适应能力。经人们长期摸索，终于得出这样一个结论：生命在于运动。

世界知名的大科学家和文学家也大多毕生重视身体锻炼。居里夫人年过六旬还到大海中游泳；托尔斯泰设有专门的健身室，每天坚持锻炼身体。运动大大促进了他们智力的开发。居里夫人说得好："我力求脑力与体力的平衡。"因此，所有从事脑力工作的知识分子都应该从中得到启发。

做运动虽好，但也是要因人而异，有所选择的，但无论如何都不要放弃锻炼这个人生最重要的朋友。如果没有充足的时间，在日常生活中你也要多少挤出些时间来和这位"朋友"商量一下如何"疼爱"你的身体。

脑力劳动者锻炼方式：每天早晨运动 15～20 分钟，内容为步行、慢跑及拳操等；每天认真做好两次操（班前操及工间操）；下班后视情况要进行一些球类活动；晚饭后散步 15～20 分钟；晚上有条件可做些肌肉力量型练习。

节假日进行一些郊游、爬山、游泳、球类等活动。

上下班时步行 1～2 公里路。家住楼上的可将爬楼梯作为锻炼项目坚绝不坐电梯等。

不管多忙，每周都要抽出 2～3 次，每次 20～30 分钟的锻炼时间来。

为了提高脑力劳动者的工作效率，改善脑血流量，每次工作 1～2 小时后应略休息数分钟，站起来活动活动，伸展一下肢体，做几次深呼吸等。

做运动不能欠缺恒心，如果你是白领，可以不必强求自己每天都跑 1 万米，但每天 30 分钟的慢跑还是要坚持下来的，否则锻炼不会产生任何效果。

一个人的身体状况和精神状态是最能影响他的姿态和气质的。在街头巷尾，我们偶然看到一个昂首挺胸、气宇轩昂、步伐稳健的军人，谁都会羡慕他那种健康的姿态。但实际上，只要是躯体没有残疾的正常人，都可以通过有规律的生活、适度的运动来获得这种不凡的姿态，来获取对自己、对工作及困难有信心的勇敢姿态。所以，不想保留你的体力，你想留住的东西越多，到最后守住的也就越少，因此，让体育运动来燃烧能量，成为激发你生命激情的发动机吧。

9. 培养自己的兴趣爱好

  快乐的人都有自己独特的兴趣爱好，当他们感到烦闷无聊时，爱好便成为最令他们神往的避难所。从对现实压力的撕扯中找回自己真正感兴趣的事情真是一种莫大的幸福。

  如果你没有兴趣爱好可真是令人同情的事情，因为你永远都享受不到爱好所带给你的鼓舞人心的动力感觉了。事实上，几乎每个人都有自己释放压力的有效方法。当你唱歌、跳舞、猜数字、阅读之后感到精神上轻松愉快，不再为压力所烦恼了，不妨就将它们称为你的爱好，享受爱好带来的愉悦感可谓是世界上最公平的事：贫穷的人可以喜欢收集烟斗，可以喜欢文学甚至是高深莫测的物理学；富有的人可以喜欢收集蝴蝶标本、喜欢野炊、喜欢回山里当猎人等。尽管人们的爱好不同，但所体会到的美好心情却是相同的。

  最近，专家们对快乐的起因进行研究后得出结论，即"真正的休闲"才是快乐的最佳保证，它是你全身心投入的一种爱好或活动。拥有什么样的兴趣爱好都无关紧要，只要你发现它具有挑战性、有吸引力，能够让你从中获得收益，能够将你从沉重的压力中解救出来就行。

  培养新的兴趣要学习很多东西，要准备好脱离你熟悉的"舒适领域"去探索未知领域。你若加入了一个新的俱乐部或选修一门课程，就应当预料到刚开始你会感到沮丧，因为你在陌生人中可能会感到自己是局外人，与他们格格不入，满意与快乐不可能招手即来，必须做好不屈不挠的心理准备，直到情况有所改变。要有信心，不必担心他人会怎么想。培养新的兴趣需要积极的态度，即使没有成功你也应当告诫自己"这不是失败，因为我已学到了一些东西"。而且有的时候，这些新的兴趣爱好不仅会帮你走出困境，长期地坚持还会让你得到意想不到的成绩。

说到兴趣爱好，当今世界著名的化学公司——杜邦公司的总裁格劳福特·格森瓦特每天都会挤出 1 小时来研究蜂鸟，并用专门的设备给蜂鸟拍照。在他这样兴致勃勃地研究了几年后，终于写出了关于蜂鸟的著作，权威人士把他写的关于蜂鸟的书称为"自然历史丛书中的杰出作品"。格劳福特的这种个人情趣其实不仅反映了他高质量生活的一个侧面，更是因为他的兴趣使然，让他在本不属于自己生活圈子的领域中小有成就，他这样欣喜地对待自己热爱的事业，即使没有丰厚的报酬也可以与任何一笔收入媲美。当然，这也反映了他健康向上的内心世界。

那么，怎样做才能寻找你的爱好呢？

1. 列出过去几年中你喜爱的 20 种活动，例如：海边度假、宴请朋友、在乡村散步等。

2. 列出 10 种你未曾参与过但很想去从事的活动。

对自己承诺从以上两种列表中各选出一种活动于近期去进行，这会对你的生活产生巨大的积极力量，让你兴奋难耐，也就更有精力和效率去完成手头的事。

第三章 劳逸结合，让紧张的状态得以缓冲

如果我们的人生没有什么兴趣爱好，那我们的天空就真只剩下一片阴霾了。面对与日俱增的压力，我们会感到失望、沮丧、没有信心、无法释怀，并最终会影响我们的生命质量，让我们越来越深陷于痛苦中不能自拔。可是有了兴趣爱好就不一样，它们会令我们在每一阶段取得的小成就都是让人欣喜的、都是让人振奋的。所以，为了快乐，努力寻找和培养你的兴趣爱好吧。

10. 休息是为了更好地工作

许多上班族被工作逼得不停加班、无法休假，而世界顶级企业家、政治家却强调：一定要挪出时间休息，做点儿有趣的事，这样才能高效工作。

虽然是在高竞争压力的汽车业工作，日本日产汽车首席执行官戈恩却从不把工作带回家。他回家后便休息充电，跟孩子们玩耍，周末也不例外。而且他发现，藉此可以让自己与工作上面临的问题保持一点儿距离，如此星期一回去上班后，反而把问题看得更清楚、更能迎刃而解。Google 的副总裁梅尔每周五都是 6 点就下班，然后到旧金山玩耍，每 4 个月更要大休一次。星巴克咖啡的总裁舒尔茨每 7 个星期就旅行一趟，尽情吸收不同国家的迷人风光。

万科集团董事长王石在休闲时间会去爬山、去探险，乐在其中，让人羡慕。作为一个董事长，他肯定很忙，也许有些人认为这是不务正业，其实这种休息方式才是他高效率工作的保证。

泰戈尔说过："休息与工作的关系，正如眼睑与眼睛的关系。"这个比喻太贴切了，眼睛睁久了，就要闭上一会儿，养养神；工作久了，就应该休息一下，这样才能提高工作效率，将工作做得更好。一位生理学家就曾做过这样一个试验验证了这一观点。

这位生理学家让一组身强力壮的青年搬运工人往货轮上装铁锭，小伙子们连续干了4个小时，结果勉强装了12.5吨的货物，这时候大家都累弯了腰，个个精疲力竭。可是，一天后，让这些小伙子每干26分钟就主动休息4分钟，同样花4小时，却装了47吨的铁锭且不觉得很累，工作效率明显提高了。

美国陆军曾经进行过好几次实验，证明即使是年轻人，经过多年军事训练而很坚强的年轻人，如果不带背包，每小时休息10分钟，他们的行军速度就会加快，也更持久，所以指挥官强迫他们这样做。

一个人的心脏每天压出来流过全身的血液足够装满一节火车上装油的车厢，每24小时所供应出来的能力也足够用铲子把20吨的煤铲上一个3英尺高的平台所需的能量。你的心脏能完成这么多令人难以相信的工作量，而且能持续50~70年甚至可能更长时间。如此大的运动量，人的心脏怎么能够承受得了呢？哈佛医院的沃尔特·加农博士解释说："绝大多数人都认为，人的心脏整天不停地在跳动着，事实上，在每一次收缩之后，它都有完全静止的一段时间。当心脏按正常速度每分钟跳动 70 次的时候，一天 24 小时里，其实际的工作时间只有 9 小时，也就是说，人的心脏每天休息了整整 15 小时。"

在一本名叫《为什么要疲倦》的书里，作者丹尼尔说："休息并不是指绝对的什么事都不做，休息就是修补。"在短短的休息时间里，就能产生很强的修补能力，即使只打 5 分钟的瞌睡也有助于防止疲劳。棒球名将康尼·麦克说过，每次比赛之前如果他不睡一个午觉的话，到第 5 局就会觉得精疲力竭了。可是如果他睡午觉的话，哪怕只睡 5 分钟也能够赛完全场且一点儿也不感到疲劳。

因此，为了更好地工作，每天多休息一些是有益的，此外做些小游戏也可有效降低疲劳度，有益身心健康。有效地调整和使用自己的精力，该休息时休息、该娱乐时娱乐，能让你随时有精力专心应对工作，而不会在关键时刻感到精疲力竭。

事业上的成功不是一朝一夕的事，时常加班加点地工作虽然能一时提高成绩，但是如此过度劳累反而会使人身心受损。如果能够合理地安排好自己的生活，确保工作和生活张弛有度，反而能够精力充沛、高效工作。工作越是忙碌，越是应该学会见缝插针地"偷懒"，以便有足够的体能和极佳的精神状态从容应付摆在面前的大小事务。

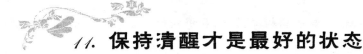

11. 保持清醒才是最好的状态

在工作中，我们一定要强调放松、劳逸结合的重要性，这是因为一个人只有在头脑清醒的状态下工作才会是高效率的，否则就算你花费在做事上的时间再多，效果也会很差，所以保持清醒的精神状态对你来讲相当重要。

有这样一个小故事。

有个伐木工人在一家林厂找到一份伐树的工作，由于薪资优厚，工作环境也相当好，伐木工很珍惜，决心要认真努力地工作。

第一天，老板交给他一把锋利的斧头，划定一个伐木范围让他去砍伐。伐木工人非常努力地伐木，这天砍了 18 棵树，老板也相当满意，他对伐木工人说："非常好，你要继续保持这个水准。"

伐木工人听见老板如此夸赞，非常开心，第二天他工作得更加卖力，但是不知道为什么，这天他却只砍了 15 棵树。

第三天，他为了弥补第二天的缺额，更加努力砍伐，可是这天却砍得更少，只砍了 10 棵树。

伐木工人感到非常惭愧，他跑到老板那儿道歉："老板，真对不起，不知道为什么，我感觉自己的力气好像越来越小了。"

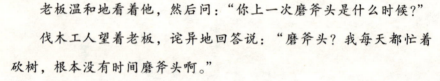

老板温和地看着他，然后问："你上一次磨斧头是什么时候？"

伐木工人望着老板，诧异地回答说："磨斧头？我每天都忙着砍树，根本没有时间磨斧头啊。"

老板说："这就是你的伐木数量一天不如一天的原因了。当你的伐木成绩从18棵树降低到10棵树时，就表示你必须找出时间磨一磨你的斧头了。"

多留一点儿时间休息，多花一点儿时间增强实力，你才能头脑清醒、事半功倍，让每一分、每一秒都在你的掌控之中。

获得清醒状态的最好办法当然是休息，一个人只有休息得好，才有可能精力充沛地投入到工作中去，问题是人们很难获得高质量的休息。

高质量的休息是指能将自己的身体和精神处在一种松弛的状态，在这样的过程中，我们的身体机能和精神状态都能够得到恢复。获得高质量的休息不是一件容易的事情，最主要的原因在于我们很难做到"该做事的时候做事，该休息的时候休息"。其实，我们要做的事并没有多到连一点儿休息的时间都没有，并没有多到连吃饭、去厕所、搭公交车甚至睡觉的时候都要为它们伤脑筋。但是做这些事带给我们的紧张情绪却被我们毫无保留地带到了做事以外的生活中，以致在休息的时候，我们的脑海里面还是缠绕着有关于事情的种种细节，使我们在下意识的惯性作用下处在做事的状态中。尽管我们可能已经远离了电脑、远离了文件，但我们的大脑却还是和这些事情连在一起，迟迟不能将它们忘却。更为严重的是，做事也蔓延到了我们的睡眠之中。我们中有多少人可以每天享受到舒适的睡眠而不被与工作有关的梦境打扰？相信这个比例一定少得可怜。

　　而无法获得真正休息的症结就在于我们不能够很好地在做事与休息之间实现转换。我们经常是一时间回不过神儿，或者认为自己不能很好地进入角色。让你停止休息，马上投入做事，可能不难，但是要你停止做事，马上去休息一下，可就不是那么简单了。解决这个问题没有太好的办法，因为人毕竟不同于机器。如果是一台机器的话，只要设置一个开关就好了，就能让它说干就干、说停就停。可是人是不可能做到这一点的，任何人在任何状态间的转化调整都是一个渐变的过程，于是我们能做的就是让这个渐变过程尽可能地缩短。

　　所以，为了能够更好地做事，必须要有高质量的休息。休息绝对不是浪费时间的事情。浑浑噩噩、24 小时地做事，一定不会比12 个小时全神贯注地做事能产生更好的效果。这个道理大家都明白，关键是在你需要休息的时候你能够想到这一点，而不再把自己的精力停留在做事上。

　　我们应该学会如何暇时吃紧、忙里偷闲。在我们闲暇的时候，甚至无聊得有些烦闷的时候，应该给自己安排一些事情做，把一些不急于让自己解决的事情拿来思考一下，把一些早就放在案头却没有时间看的书浏览一番，为的是以后能够获得从容的心态；在我们手忙脚乱甚至四脚朝天的时候，也能有心情来个忙里偷闲，哪怕是坐在街心公园里看看小孩子们玩耍，或是闭目养神的时候打开娱乐频道听听娱乐圈的新闻，为的就是获得片刻的闲暇，这样我们就不会让自己闲得无聊或是忙碌得精疲力竭，劳逸结合就是这么产

第三章　劳逸结合，让紧张的状态得以缓冲

生的。

在这里需要纠正一个关于休息、放松的错误想法：放松需要花很长一段时间。

事实上，获得"放松"有迅速的方法，也有简易的方法，由于这些迅速与简易的放松方法，使得我们在忙碌的工作中随时随地地放松成为可能，而不是只有在夜晚完成最后一件事后才能放松。

假使把放松与外出用餐相比较，你就会更容易了解。比如，有时你为求便利而选择吃速食，有时你却选择享受一顿大餐。你的选择是视当时的情况而定，"放松身体"也是同样的道理。

放松不过是逐渐地松弛紧张的情绪，就是如此简单。人人都要承受压力，压迫感促使我们背部的发条逐渐绷紧，我们唯有借放松来松弛发条以减少压迫感。更进一步而言，我们仿佛玩具一般，也需要一些动力的驱策来运作。但假使施以的动力过大，我们便趋近极限点而有断裂的危险。不过，我们与玩具之间至少有一个重要的不同点：我们可以停止累积紧张，并且可以随时随地决定松弛紧张。

人到了一定的年龄更应该懂得，一切成就都要靠健康的身体去争取，因此我们对于身体一定要爱护有加。而放松、休息对于身体正如润滑油对于机器一样重要。

第四章
别让欲望迷住了你的眼睛

当今社会,追名逐利成为很多人一生的选择。在各种欲望的诱惑下,很多人失去了快乐,失去了自我空间,甚至失去了自我。通过努力却没有得到名利的人,他们一蹶不振、自怨自艾;而最终得到名利的人,到头来发现名利不过是过眼云烟。名利和欲望并不是人生的最终追求,因此我们必须树立正确的金钱观,控制自己的贪欲,别让欲望迷住了自己的眼睛。

1. 攀比之心是毒药

    不少人坦言最害怕去参加同学聚会，因为现在的同学聚会简直就是"攀比会"：比事业、比地位、比房子、比车子、比票子……于是，我们越比越急、越比越累，老实说这种烦恼都是自找的，放下攀比之心，你的生活一定会轻松很多。

    尽管我们都知道"人比人，气死人"的道理，可在生活中，我们仍要将自己与周围环境中的各色人物进行比较，比得过便心满意足，比不过便生闷气、发脾气，这其实都是我们的攀比心在作怪，说白了就是虚荣心在作怪。

    有这种心理的人，会将别人的任何东西都拿来与自己的进行比较：家里住的房子有多大、开什么样的车子、老公长什么模样、花钱的派头如何、地板砖的质料如何、孩子的学习成绩如何，当然，更多的就是比谁家住的、吃的、用的、玩的更阔气。

    历史上常有权贵们互相攀比的例子。

    北魏时期，河间王琛非常阔绰，家中珍宝、玉器、古玩、绫罗、绸缎、锦绣，无奇不有，常常与北魏的皇族高阳进行攀比，决一高低。有一次，王琛对皇族元融说："不恨我不见石崇，恨石崇不见我！"而石崇本身就是一个富贵且爱攀比的人。

因此，元融回家后闷闷不乐，恨自己不及王琛的财宝多，竟然忧郁成病，对来探问他的人说："原来我以为只有高阳一人比我富有，谁知道王琛也比我富有，哎！"

在一次赏赐中，太后让百官任意取绢，只要能拿得动就全拿走。元融居然扛得太多，致使自己跌倒而伤了脚，太后看到这种情景便不给他绢了，当时被人们引为笑谈。

南北朝时期有一个叫符朗的官员，当时朝中官员们流行用唾壶。符朗为了攀比、炫耀，便让小孩子跪在地上，张开口，将痰吐进去，其攀比程度到了用孩子做唾壶的地步。

令人们爱攀比而乐此不疲的原因，实际上是一个面子问题。

人生在世，但凡正常的人，多多少少都有些虚荣，虚荣本来无可厚非，但虚荣过度便会让人讨厌。攀比就是因过度虚荣而表现出来的一种让人讨厌的性格特征。

攀比有以下害处：

1. 让人情绪无常。攀比之后，倘若胜过他人，立刻情绪高涨、自大狂妄，以为全天下唯有自己是最了不起的；可是比得过甲，不见得比得过乙，不如乙便立刻情绪低落，感觉脸上无光，一点儿面子都没有，恨不得找个地缝钻进去。像元融，见别人的财富珍宝多过自己，立刻满脸忧虑，甚至都愁出病来了。

2. 易伤害与他人的交际感情。人在社会中，必须与他人交往，如果你在群体中不是与甲攀比，就是与乙攀比，在攀比之中会伤害和你交往的对象。比得过，你便轻视他人，看不起他人，从而不尊

第四章 别让欲望迷住了你的眼睛

97

重他人，他人只能对你不置可否；倘若比不过，你便满怀妒意，或造谣、或诬陷，对他人用尽一切诋毁的手段，同样会伤害别人的感情，破坏良好的交际关系，导致大家最后都懒得与你来往。

3. 攀比会使一个人容易走上犯罪的道路。当你想尽一切办法去增加自己的财富、提高自己的名声，而你所使用的手段不是那么正大光明时，比如你通过贪污挪用、行贿受贿来增加自己的财富，以便虚荣地与他人进行攀比，那么总有一天你会锒铛入狱。

有很多人并不认为自己是在进行攀比，而认为自己花钱多、购物多、上档次、穿名牌、拿名牌手机、玩掌上电脑是讲究生活品质，自诩自己的那些一掷千金、一掷万金的举动是"为了追求生活品质"、"为了讲究生活品质"。实际上，那些真正讲究生活品质的人并不是体现在表面上，也不是纯粹表现在物质这个浅层次上，"讲究生活品质"只不过是一些人为自己肤浅的攀比行为打掩护。你只要在镜中照一下自己眼角的那份不屑、那份自满，你就会明白"生活质量"不过是攀比、炫耀的代名词。事实上，这只不过是失去了进取的精神，而将心灵、目光专注于物质欲望的满足上。在一个失去进取精神的社会中，人们误以为摆阔、奢侈、浪费就是生活品质，逐渐失去了生活品质的实质，进而使人们失去对生活品质的判断力，攀比着追逐名牌、追逐金钱、追逐各种欲望的满足，难怪人们在物质欲望满足之际却无聊地在那儿打哈欠。

但很多人一般都羡慕那些住大房子、开名牌车、穿着入时、经常上星级饭店吃饭、动辄将孩子送到国外去上学、身边总有漂亮小姐的人，以为那才是生活、才是生活的品质，于是这些人便不择手段地去追求所谓的生活品质，甚至到心力交瘁的地步。

如果你是一个爱攀比的人、一个试图攀比的人，那么停下你的脚步吧。

1. 别让虚荣阻碍了你享受生活。攀比让你的虚荣心得到满足，可为此你却付出了如此大的代价：想方设法、不择手段、焦头烂额、心力交瘁，更大的代价使你忘了生活中还有比攀比更让人感到愉悦的事情。

2. 创造你自己的生活品质。真正的生活品质是回归自我，清楚地衡量自己的能力与条件，在有限的条件下追求最好的事物与生活。生活品质是因长久培养了进取的精神，从而获取自信、丰富的内心世界；在外可以依靠敏感的直觉找到生活中最好的东西，在内则能居陋巷、饮粗茶、吃淡饭而依然创造愉悦多元的心灵空间。

3. 思考攀比的意义。与别人攀来比去，你最后除了虚荣心得到满足或失望之外，还剩下什么？有没有意义？是徒增烦恼还是有所收获？最后思考的结果即毫无意义。倘若你感到无意义，自然就会停止这种无聊的攀比行为。

生活是自己的，只要自己过得开心、舒适就好，何必让有害无益的攀比损害自己的幸福呢？

2. 舍得是一种高境界

在人生的道路上，往往会有这样一种"规律"：你得到的似乎和失去的东西成正比。有时虽然你想打破这个塞翁失马不知道是祸是福的规律，可是似乎冥冥之中自有天定，有得就一定有失。在中国古代哲学家眼中，"福兮祸之所倚；祸兮福之所伏。"也就是说，得就是失，失就是得，所以人生的最高境界就是无得无失、无福无祸。如此，你就不会为了任何事情感到有压力而徒增苦恼了。

人生的痛苦莫过于欲求过大，患得患失。要想摆脱欲望所给予的压力纠缠，聪明的做法就是要学会放弃、大度地舍得，既不能为了一点儿利益而非要争个鱼死网破、你死我活，也不可苦苦守着手里的东西让它们变成无用的废品。要懂得这样一个道理：放弃是种人生的境界，大弃大得，小弃小得，不弃就无所得。丢下你手中的一颗种子，你将收获整个森林。为什么舍得就这么让你痛苦不堪呢？有时候，你拥有的东西才是给你施加压力的罪魁祸首。因此，不如学会放下，让自己轻松地面对生活。

有一个聪明的年轻人，很想在一切方面都比他身边的人强，他尤其想成为一名大学问家。可是，许多年过去了，他的学问并没有什么长进，他心里苦恼得很，于是就向一位大师求教。

大师对他说："我们爬山去吧，到了山顶你就知道应该如何做了。"年轻人很高兴地答应了。他们来到山上，只见山间有许多晶莹的小石头，漂亮极了，真是迷坏了年轻人。每次他遇到喜欢的石头，大师就让他装进袋子里背着，很快他就吃不消了。"大师，如果再让我背，别说到山顶了，恐怕我连动也动不了了！"他满脸疑惑地望着大师。"是呀，那该怎么办呢？"大师微微一笑，"该放下了，不放下背着的石头怎么能继续登山呢？"大师说。

年轻人听后一愣，忽然觉得心中一亮，向大师道了谢走了。之后，他一门心思做学问，终于成为一名大学问家。

其实，人要有所得，必要有所失，只有学会放弃才有可能登上人生的极致高峰。

人生在世，有许多东西是需要不断放弃的，这就需要你练就一双"火眼金睛"，懂得果断地"舍卒保帅"。正确的思考往往就蕴涵在取舍之间，许多人往往为了一点点蝇头小利而将自己陷入压力重重的万劫不复之地。

第二次世界大战刚刚结束时，以英美为首的战胜国首脑们商量着要在美国纽约成立一个协调处理世界事务的联合国。一切准备就绪后，大家才惊奇地发现，这个全球至高无上、最具权威的世界性组织竟然没有自己的立足之地。

买一块地皮吗？刚刚成立起来的联合国机构身无分文。向各国筹款募捐吗？这又似乎太没面子了，且负面影响太大，况且战争刚刚结束，各国国库也是空空如也，看来筹款也没戏了。联合国刚成立就被这个难题弄得一筹莫展了。

得知这一消息后，美国著名的家族财团洛克菲勒家族经过商量，果断地出资870万美元在纽约买下一块地皮，将这块地皮无偿地赠与联合国组织，同时，毗邻的地皮也被洛克菲勒家族买下了。

对洛克菲勒家族这一出乎人们意料的举动，当时美国许多大财团都不仅是吃惊而已，870万美元啊，这在当时可不是一笔小数目，可是洛克菲勒家族却毫无条件地将它拱手捐献给了联合国。简直是白痴行为！在众财团的讥笑讽刺中，洛克菲勒家族默默忍受了来自各界的压力，始终不为所动，也毫不后悔。

然而，出人意料的事情突然发生了，联合国大楼刚一竣工，毗邻的地价便立刻飙升了起来，相当于捐款前的10倍。看着巨额财富源源不断地流入洛克菲勒家族的腰包里，当年嘲笑过他们的人都目瞪口呆。

这是一个典型的"舍得"的例子。如果洛克菲勒家族没有做出"舍"的举动，勇于牺牲和放弃眼前的利益，就不可能有"得"的结果，放弃和得到永远是辩证统一的。然而，现实中有太多的人执著于"得"，常常忘记了"舍"。要知道，什么都想得到的人，最终可能会为物所累，导致一无所获。

当我们面临选择时，一定要学会舍得、学会放弃。鱼和熊掌不可兼得，倘若你不小心"兼得"了，最后肯定会将它们统统失去，输个精光。因此，面对生活中得到或是想得到的压力，最好不要让自己过分纠缠其中。生活有时会强迫你交出权力、金钱，以此破坏你的地位和爱情，但是不必担心，它会用别的东西来弥补你的损失。这样一来，你还怕什么呢？

你之所以步履维艰，是因为你背负的压力太沉重了；你之所以被压力压得直不起腰来，是因为你舍不得放弃、舍不得功名利碌、荣华富贵，所以你走得实在太累了。

要想学会"舍得"，只要有个良好的心态，便会将之自然地化为自己的一种涵养。

1. 认真思索一下自己的生活，弄清楚什么是自己真正需要的东西。记住，所有的奢侈品都是一种负担，想要过闲云野鹤般的自在日子，就必须大大减少身外之物，否则必将为其所累。

2. 要知道，人的欲望是无穷无尽的，所以你永远都不可能让自己真正地满意，无论怎么追求都是一个结果——不满足，那么保持现状不是已经很好了吗？就没有必要再给自己增添压力了。

3. 做事情时要有眼光，要明确什么东西可以舍得、什么东西可以因为"舍"而"得"。这并不是说要你练就未卜先知的本领，而是从生活中积累经验，让自己能够花比较少的心血获得较高的收益。

4. 要学会拿得起、放得下。你得明白，这个世界上没有什么东西能完全拥有而不消失，所以你不必为了身外之物而过分地操心。东西既来之则安之，如果它本来就不属于你，那么无论怎么强求最终还是会失去，如此，与其让自己日思夜想地痛苦，倒不如潇洒地跟它告别，这也算不得什么失去，至少你还会觉得自己很有雅量。

古人有句老话"壁立千仞，无欲则刚"。在现今这个社会，虽

第四章 别让欲望迷住了你的眼睛

然我们不能做到无欲，但是适当的时候放弃一些东西、舍得一些麻烦无疑是聪明人的做法。唯有舍得，你的心境才会更加从容坦然；唯有舍得，你的生活才会轻松自在。

3. 知足才能常乐

生活中的烦恼和压力，大多是因为我们想得到许多不属于我们的东西。在某些人看来，得到即是幸福。但是，与其让自己生活在苦苦追求的痛苦中，倒不如认真享受和欣赏当下拥有的东西。只有懂得知足的人才能享受轻松和快乐。六祖禅师慧能说："世上本无物，何必惹尘埃。"虽然不能完全照本宣科，否定一切美好的存在，但所说的道理却能给红尘中被欲望折磨的男男女女一点儿启示："知足"才是幸福之源。

在我们周围总有这样的人，他们生而富贵，对什么都感到满足，就是身体衰弱，常常生病，放着山珍海味却不能享用，却终日与药罐为伍；有既富且贵的人，身体倒还健康，妻贤貌美，可是一个儿女都没有，而且寿命短，很早就死了，纵有万贯家财，只落得人死财散的凄凉下场，可是他的隔壁邻居却是一个穷小子，只有一间小破屋，虽然贫穷，身体倒挺结实，娶了一个黄脸老婆，却生下了一大群儿女，他虽终年终日地卖苦力，但总感到衣食的困难、忧愁不乐，这是什么原因呢？

佛经有云："若欲摆脱诸苦恼，当知足，知足之法，即是富乐安稳之处。知足之人，虽卧地上，就为安乐。不知足者，虽处天堂，亦不称乐户。不知足者虽富而贫，知足之人虽贫而富。不知足者，常五欲所牵，为知足者之所怜悯。"老子《道德经》上也说："知足不辱，知止不耻。"古人也说："晚食以当肉，安步以当车。"这都是给我们的最好的教训。

世间的万物，你拥有的越多就越不满足，就越觉得人生还是多少有一点儿遗憾，所以日也不宁、夜也不宁地想尽办法弥补自己的那点儿不足，而一无所有的人之所以高兴，是因为他本来什么都没有，突然在街角捡到一角钱，于是他非常高兴，以为好运找上了他。一角钱让他满足了，感到了生活还有希望之光，得到了幸运之神的光顾，这就是知足者的快乐所在。

一个农夫想得到一块土地，地主对他说："清早日出时，你从这里往前跑，跑一段就插一根旗杆作为标记。只要你在太阳落山前赶回来，插上旗杆的地都归你。"那人听了之后就不要命地往前跑，太阳偏西了还不知足。太阳落山时他终于回来了，但此时他已经精疲力竭，摔了跟头，倒地就死了，于是有人挖了个坑将他埋了起来。牧师在给这个农夫做祈祷时，看着面前这座小小的坟头叹道："一个人要多少土地才够呢？实际上就这么大。"

在人的一生中，大多数时光都被贪欲控制着。人生在世不能没有欲望，现代社会，物欲更具诱惑力，我们想尽一切办法地生存，

如果管不住自己，任贪念随心所欲，就必然会给自己带来痛苦和不幸。

逝者如斯夫，我们只拥有有限的一段生命，太多的欲望无疑只是一个个虚幻的海市蜃楼，只会给生命增添负担与沉重。无论你曾经多么辉煌，到最后也只能挥手与世界告别。

"身外物，不奢恋"是思悟后的清醒，它不但是超越世俗的大智大勇，也是放眼未来的豁达襟怀。谁能做到这一点儿，谁就会活得轻松、过得自在，遇事想得开、放得下。

既然知足能给我们减轻不少的压力，然而未必人人都懂得知足常乐。要想把这门功夫学到手，还要把调整自己的心态作为入门功课。

1. 知足常乐就要懂得苦中作乐

人生有所求就有所压，就必然会有痛苦。

人在努力的时候是最幸福的时光，因为工作虽苦，但你能从中找到希望的栖息地，那就是快乐的源泉。

如果你不得不忍受生活的不幸和工作中的不满，就试着接受它们，从中挖掘出让你感到幸福的东西，那或许是完成一小阶段工作后的一种成就感，或许是一种经验。在痛苦中把这些微不足道的成就当作是自己的运气好好地去接受它，就可算是幸福。

2. 世事变化无常也要笑脸相迎

富兰克林曾经很讽刺地说过："在人世间，除了每年必须缴税以及终将一死之外，其他没有一件事是能够确定的。"

"天有不测风云，人有旦夕祸福。"任何人遇到灾难，情绪都会受到影响，这时一定要操纵好自己的情绪转换器。

尽管我们遭受了各种各样的失意，但拥有的东西仍然很多，就看你是否懂得珍惜。比如，你虽然下了岗，但却有一个和睦的家庭，家中人人健康，无灾无病；你的收入虽然不高，但粗茶淡饭管饱管够，绝无那些富贵病的侵扰；你的配偶或许不够出众，但他（她）不嫖不赌，不在外惹事生非，能与你相亲相爱、真情到老；你的孩子虽然没有考上大学，但他（她）却懂得尊老爱幼、懂得自尊、知道奋斗……

3. 保持清心寡欲的状态

孔子曰："富贵于我如浮云。"一个人的志气要在清心寡欲的状态下表现出来，而一个人的节操却能在贪图物质享受中丧失殆尽。一个磨炼心性、拥有远大志向的人，必须有磐石一般坚定的意志，有如行云流水般的淡泊胸怀，如此才能成就大业。

4. 莫为虚名所累

名是人间各种矛盾、冲突的重要起因，也是人生活之中诸多烦恼、愁苦的根源所在。

做人就做人，千万不要为名声而做人，为了让人知道而做人。老子说："知道我的人不多，就显示了我的贵。"意思是指：知道我的人多，是因为我过于肤浅庸俗；知道我的人少，是因为我高深莫测，所以才显得尊贵。那么，现在的你还在为高贵的头衔处心积虑、毫不知足吗？

5. 对待成功要学会气定神闲

当你到达成功的峰顶、备享殊荣之时，也就是你面临该思索如何退下之日。这时要做到心境平和、从容，则需要足够的智慧和坚定的决心。

你要知道，拥有的越多就越怕失去的多，越会觉得负担沉重、无从解脱，结果必然导致诸般牵绊与干扰纷至沓来、挥之不去，致使自己举步维艰，"取"的乐趣就变成人生的拖累了。

6. 鱼和熊掌绝对不可兼得

宽容地对待得失是一种积极的人生态度。在忠孝之间、功名富贵和隐逸山林之间、从政经商乃至恋爱交友之间都存在着得失问题，只有宽容的人才会善待自己。

人生在世，有得必有失，有失必有得，若要兼顾，总是很艰难。对于得到的东西要知道珍惜；对于失去的东西也不要伤感，这是明智的生活态度，这就是知足常乐。

7. 珍视你的健康

古希腊哲学家赫拉克利特说："如果没有健康，智慧就难以表现，文化无从展示，力量不能发挥，财产变成废物，知识也无法利用。"健康是你最大的幸福。

"知足常乐"是一种超然的人生态度，更是现代人必须具备的一种良好的心态。因为不知足，不知多少社会精英陨落在自己设下的浮华喧闹的物欲追求的多重压力之下。其实无论何时都要知道，还有许多境况不如他们的人过得却很快乐、很有价值，为什么？因为他们懂得感恩、懂得知足，所以尝到了幸福的滋味。这才是任何物质都换不来的一笔人生财富。

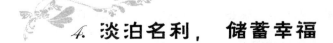

4. 淡泊名利，储蓄幸福

生活中，很多人都向往名、利，因为它们确实能带来让人们享用不尽的快乐、地位与尊严，甚至虚荣。但是，过分地追名逐利会让整个世界黯淡下来，失去光华和色彩，你的智慧也会在竞争的大大小小的战场上消耗殆尽，终有一天回过头来却发现除了剩下一具徒有其表的躯壳外，根本体会不到任何幸福的感觉。所以，淡泊名利成为养生大师们谆谆告诫我们的人生哲理。

《菜根谭》有云："人生减省一分，便超脱一分。"在人生旅途中，如果什么事都减省一些，便能超越尘事的羁绊。一旦超脱尘世，精神会更空灵。洪应明又说："减少交际应酬，可以避免不必要的纠纷；减少口舌，可以少受责难；减少判断，可以减轻心理负担；减少智慧，可以保全本真；不去减省而一味增加的人，可谓作茧自缚。"

以淡泊的心境看待人生，就算是努力到最后，设立的目标一个也没有实现，也不会太过伤感，因为"谋事在人，成事在天"，只要付出努力、经历过奋斗，体味过竞争的残酷，体会到汗水的甜美，人生就不枉然，你就能拥有充实和幸福的人生。

第四章 别让欲望迷住了你的眼睛

当一位朋友发现居里夫人的小女儿手里正在玩的是英国皇家学会授予居里夫人的一枚金质奖章时，他不禁大吃一惊，忙问："居里夫人，能够得到一枚英国皇家学会颁发的奖章是极高的荣誉，你怎么能让孩子随便拿着玩呢？"

居里夫人说："荣誉就是玩具，只能玩玩而已，决不能永远守着它，否则就将一事无成。"

由此可见，真正追求成功的人只是把眼前取得的成就和成就所带来的名声看作是对过去的一个总结。

一天在办公室，30 岁的千万富翁富勒心脏病突发，而他的妻子在这之前由于他常常忙于工作而无暇顾及她和两个孩子而痛苦不已，也正打算离开他，于是他开始意识到自己对财富的追求已经耗费了所有他真正珍惜的东西。他打电话给妻子，要求见一面。当他们见面时，彼此都痛苦得热泪盈眶，于是决定消除掉破坏他们生活的东西——他的生意和物质财富。

他们卖掉了所有的东西，包括公司、房子、游艇，然后把所得的收入捐给了教堂、学校和慈善机构。他的朋友认为他疯了，但富勒感到从没比现在更清醒。

接下来，富勒和妻子开始投身于一桩伟大的事业——为美国和世界其他地方的无家可归的贫民修建"人类家园"。目前，"人类家园"已在全世界建造了6万多套房子。富勒曾为财富所困，几乎成为财富的奴隶，差点被财富夺走他的妻儿和健康；而现在，他是财富的主人，他和妻子为人类的幸福工作，他拥有了自信而乐观的生活，他觉得自己是世界上最富有的人。

面对名，居里夫人没有被它所带来的虚荣羁绊住，而是告诉我们那不过是过眼云烟，多想无益；面对利，富勒告诉我们，财物几乎买不到世界上所有珍贵的东西——健康、生命、家庭、孩子……他的生活虽然由于放弃了名利而略显苍白，而事实上，他们是天底下最大的富翁。

一生拼命地追名逐利而让自己在难以承受的重压下逝去的人太多了，很难想象在临终时他们的感觉会是因名利而满足，到那个时候，恐怕他们最想得到的是心底的救赎和围绕在身边的亲人传递给他们的力量。淡泊名利，其实就是在给自己储蓄甜蜜和幸福。

尧要把天下让给许由，他说："日月都出来了，而烛火还不熄灭，要和日月比光，不是很为难吗？先生即位，天下便可安定，而我还占着这个位，自己觉得很羞愧，请容我把天下让给你。"

许由说："你治理天下，已经很安定了。而我还来代替你，是为了名吗？是为了求地位和利益吗？小鸟在深林里筑巢，所需不过一枝；鼹鼠到河里饮水，所需不过满腹。你请回吧，我要天下做什么呢？"

这个寓言是说：天地之间广大无比，而人身在此中，所需又如此的渺小，拿自己的所需与天地相比不是很可怜吗？何不效法天地的自然而求得心性的自由和逍遥呢？

看看我们身边，尚有如此多的身外之物，如此多的被名利所扰的疲惫之人。天下虽大，名利虽多，换不来内心的宁静与祥和。既然想拥有却不能拥有的东西让你感到痛苦，不如选择放弃。淡泊名利就是要在天地间来去自由、无牵无绊，就是要让自己过得比别人轻松和优雅。

5. 不要做虚名的奴隶

虚名，指的是一种虚假的名声、荣誉，它往往对做人没有切实的帮助，是人刻意追求的身外之物，使人产生烦恼。

虚名不是虚荣，虚荣是一种内心的虚幻及荣耀感，会使人脱离现实看世界；而虚名是他人给予的一种名誉，或者个人心中希望获取的荣誉。一般来说，名与实是相符的，一个人的名声和他实际所作的贡献是相等的。但是，有些人获得了名誉之后就不再发展自己的才能，也不再作出自己的贡献，这种名誉就和实际渐渐地不相符合了，也就成了虚名。

做人如果被虚名所累，就会使人放弃努力，沉睡在他已经取得的名誉上不思进取，最后将一事无成。

莱特兄弟在1903年发明了飞机并首次飞行试验成功后，名声大噪。一次，有一位记者好不容易找到了兄弟两人，要给他们拍照，弟弟奥维尔·莱特谢绝了记者的请求，他说："为什么要那么多人知道我俩的相貌呢？"

当记者要求哥哥威尔伯·莱特发表讲话时，威尔伯回答道："先生，你可知道，鹦鹉的叫声很响亮，但是它却不能飞得很高。"

莱特兄弟俩视荣誉如粪土，不写自传，从不接待新闻记者，更不喜欢抛头露面显示自己。有一次，奥维尔从口袋里取手帕时，带出来一条红丝带，姐姐见了问他是什么东西，他毫不在意地说："哦，我忘记告诉你了，这是法国政府今天下午颁发给我的荣誉奖章。"

莱特兄弟对待名誉是这样的淡泊，他们是不为虚名所累的人。

悬挂在天空中的星星，虽然我们觉得它小，却不能说它小，而且我们心中的小也不能使它的体积减少，何况还有许多没有被人发现、还不知道其大小的星星存在着。例如星星依然是星星，人们知道它而它的数量也不增加，人们不知道它，而它的数量也不会减少。

培根说："重虚名的人为智者所轻蔑、患者所叹服、阿谀者所崇拜，而为自己的虚名所奴役。"

名声是一个人追求理想、完善自我的必然结果，但不是人生的目标。一个人如果把追求名声作为自己的人生目标，处处卖弄自己、显示自己，就会超出限度和理智。人一旦超出限度、超出理智时，常常会迷失自我，因而被名利所操控，从而迷失了自我，这样岂不是变成了名声的奴隶了吗？

6. 以一颗平常心看待金钱

金钱是创造美好幸福生活的工具，然而，只有你真正地理解了关于金钱的正确观念，你才会以一颗平常心积极地去看待金钱。

钱锺书是近代一位遐迩闻名、学贯中西的文学大师，他用自己的言行举止告诉人们该怎样对待金钱，什么时候该做金钱的"主人"，什么时候该做金钱的"奴隶"。看下面几个故事中钱锺书是如何看待金钱的。

20世纪80年代，美国著名学府普林斯顿大学邀请钱锺书讲学，开价16万美金，并且免费提供他们在美国的一切生活费用，却被钱锺书拒绝了。因为在国内，他还有更重要的事情要做。金钱并不能左右他的事业。

英国一家著名的出版社，得知钱锺书有一本写满了批语的英文大词典，于是派人远渡重洋，找到钱锺书，愿意以重金买这本书，钱锺书当即回绝："不卖。"

但是有几次，钱锺书对金钱却"另眼相看"。1979年冬天，钱锺书收到四册《管锥篇》的8000元稿费。他把钱分装进两个纸袋，对夫人杨绛说："走，逛商场去！"钱老昂首挺胸，夫人杨绛宛如保镖护驾，一边走还一边提醒他："注意提防小偷。"

钱老以豁达的心态看待金钱，做金钱的主人，不只体现在以上某些方面。还体现在他不看重金钱，不计较得失地帮助那些有困难的人。

钱老在担任中国社科院院长的职务期间，一次，给他开车的司机因为撞伤行人，找到钱老借医疗费，钱老问明情况，说："需要多少？"司机答："2000 元。"钱老说："这样吧，我给你 1000 元，不算你借，不用还了。"

许多人对钱先生不爱钱的做法很不解，向他请教。

钱老说："我都姓了一辈子钱了，还会迷信钱这个东西吗？"

当前，为数不少的人工作挣钱并非出于对美好生活的愿望，而是出于对穷困潦倒的恐惧，他们认为钱能消除对贫困的恐惧，所以他们积累了很多的钱，可是没多久，他们更加恐惧，他们恐惧会失去已得到的钱，不知不觉又回到从前的孤苦之中，心甘情愿地做金钱的奴隶，永远被金钱奴役着。

在一个很大的寺院里面住着一个游方化缘的和尚。有一段时期，这个庙里的香火很旺，经常有人来供奉一些好东西。这个和尚因为害怕再过以往那种清贫孤苦的日子，就一改初衷，不为佛祖工作了，他决心一心一意地为金钱而忙碌。

这个和尚把香客上供给佛祖的各种供品通通地偷偷卖掉，积少成多，慢慢地他积攒起一大笔钱。

自从有了这些钱以后，和尚整天疑神疑鬼，无论白天黑夜都把

第四章 别让欲望迷住了你的眼睛

这些钱抱在自己的怀里，不敢有一丝松懈，生怕丢失或被别人偷走。无论白天黑夜，他都感到心神不宁、痛苦不堪，直至精神崩溃。

钱是一种力量，但更有力量的是有关理财的技能，是控制金钱的能力。金钱来了又去，但如果你能了解钱是如何运转的，你就有了驾驭它的力量。正确地使用金钱，能使金钱更好地为你服务。

一位提着豪华公文包的老人来到某银行贷款部前，大模大样地坐了下来。

"请问先生，您有什么事情需要我们效劳吗？"贷款部经理一边小心地询问，一边打量着来人的穿着：名贵的西服、昂贵的手表、高档的皮鞋，还有镶着宝石的领带夹子……

"我想借点儿钱。"

"完全可以，您打算借多少呢？"

"1美元。"

"只借1美元？"贷款部经理惊愕了。

"我只借1美元，可以吗？"

"当然可以，只要你有担保，借多少我们都照办。"

"好吧。"这个老人从豪华的公文包里取出一大堆股票、国债、债券等放在桌上，"用这些做担保可以吗？"

贷款部经理清点了一下："先生，总共50万美元，做担保足够了，不过先生，您真的只借1美元吗？"

"是的。"老人面无表情地说。

"好吧，您到那边办手续吧，年息为6%，只要您付6%的利息，一年后归还，我们就把这些做保的股票和证券还给您。"

"谢谢。"老人办完手续后准备离去。

这时，刚才一直在一边旁观的银行行长怎么也弄不明白，一个拥有50万美元的富豪，怎么会跑到银行来借1美元呢？

于是，他从后面追了上去，有些窘迫地说："对不起，先生，我可以问您一个问题吗？"

"你想问什么？"

"我是这家银行的行长，我实在弄不懂，您拥有50万美元的家当，为什么只借1美元呢？要是您想借40万美元的话，我们也会很乐意为您服务的。"

"好吧，既然你如此诚恳，我不妨把实情告诉你，我到这儿来是想办一件事情，可是随身携带的这些票券很碍事，我曾经问过几家金库，想租它们的保险箱，但租金都很昂贵，我知道贵行的保安设备很好，所以就将这些东西以担保的形式寄存在贵行了，由你们替我保管，我还有什么不放心呢？况且利息很便宜，存一年才不过6美分。"

能轻松理财者必能轻松地控制金钱。这样，赚钱和花钱就变成一件容易的事，不为金钱所累，轻轻松松地做金钱的主人。

别让欲望迷住了你的眼睛

7. 摒弃欲望， 收获幸福

一个人如果欲望太多，就会变得贪婪，一个永不知足的人是无法感受到幸福的。

人，饥而欲食，渴而欲饮，寒而欲衣，劳而欲息。幸福与人的基本生存需要是不可分离的，人们在现实中感受或意识到的幸福通常表现为自身需要的满足状态。人的生存和发展的需要得到了满足，便会产生内在的幸福感。幸福感是一种心满意足的状态，植根在人的需求对象的土壤里。

然而，很多人都希望自己拥有得再多一些，从来没有满足的时候，民间流传着一首《十不足诗》：

终日奔忙为了饥，才得饱食又思衣，冬穿绫罗夏穿纱，堂前缺少美貌妻，娶下三妻并四妾，又怕无官受人欺，四品三品嫌官小，又想面南做皇帝，一朝登了金銮殿，却慕神仙下象棋，洞宾与他把棋下，又问哪有上天梯，若非此人大限到，上到九天还嫌低。

这首诗对那些贪心不足者的恶性发展描写得淋漓尽致。物欲太

118

盛造成的灵魂变态就是永不知足，没有家产想家产，有了家产想当官，当了小官想大官，当了大官想成仙……因此精神上永无宁静、永无快乐。

在某省南部山区有一位还未脱贫的农民，他常年住的是漆黑的窑洞，顿顿吃的是玉米、土豆，家里最值钱的东西就是一个盛面的柜子。可他整天无忧无虑，早上唱着山歌去干活儿，太阳落山又唱着山歌走回家，别人都不明白他整天乐什么呢？

他说："我渴了有水喝，饿了有饭吃，夏天住在窑洞里不用电扇，冬天热乎乎的炕头胜过暖气，日子过得美极了。"

这位农民物质上并不富裕，但他却由衷地感到幸福。这是因为他没有太多的欲望、从不为自己欠缺的东西而苦恼的缘故。

与这个农民相反的是一个卖服装的商人，这个商人有很多钱，但他却整日愁眉不展，睡不好觉。细心的妻子将丈夫的郁闷看在眼里、急在心上，她不忍丈夫这样被烦恼折磨，就建议他去找心理医生看看，于是他前往医院去看心理医生。

医生见他双眼布满血丝，便问他："怎么了，是不是受失眠所苦？"服装商人说："是呀，真叫人痛苦不堪。"心理医生开导他说，"别急，这不是什么大毛病。你回去后如果睡不着就数数绵羊吧。"服装商人听后道谢离去了。

一个星期之后，他又出现在心理医生的诊室里，他双眼又红又肿，精神更加颓丧了，心理医生非常吃惊地说："你是照我的话去做的吗？"服装商人委屈地回答说："当然是啊，还数到 3 万

第四章 别让欲望迷住了你的眼睛

119

多只呢!"心理医生又问，"数了这么多，难道还没有一点儿睡意?"服装商人答，"本来是困极了，但一想到3万多只绵羊有多少毛呀，不剪岂不可惜?"心理医生于是说，"那剪完不就可以睡了?"服装商人叹了口气说，"但头疼的问题又来了，这3万只羊的羊毛所制成的毛衣要去哪儿找买主呀?一想到这，我就睡不着了。"

这个服装商人就是生活中高压人群的真实写照，他们被种种欲望驱赶着跑来跑去，疲乏至极，每天睁开眼睛想到的便是金钱，闭上眼睛又谋划着权力，日复一日、年复一年，这样的人怎么会享受到幸福呢?

有些欲望是自然而必要的，有些欲望是非自然而不必要的，前者包括面包和水，后者就是指权势欲和金钱欲等，人不可能抛弃名利，完全满足于清淡的生活，但对那些不必要的欲望，至少应当有所节制。

一个人的欲望越多，他所受到的限制就越大;一个人的欲望越少，他就会越自由、越幸福。

8. 多余的财富会拖累人的心灵

很多人都说"有钱能使鬼推磨"，确实，拥有金钱能够让我们的生活更加惬意和多姿多彩，但是凡事过犹不及，如果你把金钱看做上帝，你就会跌落到地狱，因为金钱并不是万能的，人应该做金钱的主人而不是奴隶，只有把自己放在生活主人的位置上，才能让自己成为一个身心健全的人，才能让幸福与快乐长久地洋溢在心间。

利奥·罗斯顿是 20 世纪 30 年代的好莱坞影星。一次，他在英国演出，因患心肌衰竭被送进了伦敦著名的汤普森急救中心。实际上他的疾病起因于肥胖，当时他的体重为 385 磅，这使得抢救过程异常艰难，尽管医生使用了当时最先进的药物和医疗器械，但最终还是没有能够挽留住他的性命。他在临终时说的最后一句话是："你的身躯很庞大，但你的生命需要的仅仅是一颗心脏。"

这颗艺术明星的过早陨落让许多人感到伤心和惋惜，汤普森急救中心的院长决定将这句话刻在医院的大楼上，以此来警示后人一定要珍爱生命。

1983 年，美国石油大亨默尔由于过度劳累而导致心肌衰竭，也住进了这家医院，当时很多人都不得不为他捏一把汗。但一个月之后，他却顺利地病愈出院了。一出院，他就马上变卖了自己多年来辛苦经营的石油公司，搬到了苏格兰的一栋乡下别墅里去了。1998 年，默尔前去参加汤普森医院的百年庆典。宴会上，有记者问他："当初你为什么要卖掉自己辛苦经营的公司？"默尔指着刻在大楼上的那句话说："是利奥·罗斯顿提醒了我。"

　　后来，默尔在他的个人传记里写了这样一句话："巨富和肥胖并没有什么两样，不过是获得了超过自己需要的东西罢了，而这些多余的东西严重影响了自己的生活质量。"

　　确实，多余的脂肪会压迫人的心脏，引起各种各样的疾病，多余的财富则会拖累人的心灵。如果一个人想真正享受生活，那么任何不需要的东西都是多余的，他不会让自己去背负这样一个沉重的包袱，他会知道该珍惜什么、该舍弃什么。金钱对某些人来说可能比什么都重要，但对某些人来说，金钱在生活中只扮演着最微不足道的角色。

　　小山次郎是一个普普通通的农夫，每天他都在自己的土地上辛勤地耕耘着，日出而作，日落而息，过着简单的生活。虽然他的生活并不富裕，但是不愁温饱，他觉得这样的日子倒也过得和美快乐。有一天晚上，他梦见自己得到了 10 锭金子，梦中他笑出了声，但事后他并没有把这个梦放在心上。

第二天上午，小山次郎像平常一样在地里耕作，竟然真的挖出了5锭金子，这可真是梦想成真，他的妻子和儿女们都兴奋不已，可他从此却变得闷闷不乐，整天心事重重的样子，妻子问他为什么现在有钱了反而不高兴了呢，小山次郎回答说："我在梦中捡到了10锭金子，所以我现在整天都在绞尽脑汁地想，另外5锭金子到底在哪儿呢？"

小山次郎得到了金子固然值得高兴，可是却失去了生活的快乐。从这个故事中我们可以看出，有时真正的快乐是和金钱无关的。你把金钱奉为上帝，最终金钱不但不为你服务，你反而被金钱所奴役。所以，如果把钱财看得太重，结果往往对自己无益。

我们通常把拥有金钱、权势、名利看得过于重要，用自己的精力和时间去换取一种令世人羡慕的优越生活，可是你有没有察觉到自己的内心在一天天地枯萎？时间久了，你就会觉得生活变得无聊，但是又不知道问题出在什么地方。

生活中永远存在着真善美，只要我们去追寻就一定能找到。千万不要被金钱所奴役，人必须保持一颗不被铜臭所玷污的心，这样才能永远与幸福同行。否则，对金钱和财富的欲望会让你堕入痛苦的深渊。

金钱本身不是罪恶，关键在于人们的金钱观念。如果你因为金钱而白天吃不香、夜里睡不着，那它就会成为戕害你的刽子手。对有些人来说，金钱是多多益善，不管拥有多少，总觉得还是不够，这就是人性贪婪的表现。

第四章 别让欲望迷住了你的眼睛

幸福和快乐依赖于物质，但却产生在我们的内心，如果你期待通过增加物质财富而获得它们，岂不是缘木求鱼？比如，当我们为了拥有一幢豪华别墅、一辆漂亮小汽车而拼命工作，每天披星戴月地上下班；为了得到升迁，不得不默默忍受上司苛刻的指责，久而久之都不知道开心为何物；为了得到领导的赏识，每天都戴着面具、强颜欢笑……当你筋疲力尽地回到家里时，面对的只能是一个孤独苍白的自己。人的心理承受力是有一定限度的，长此以往，终将不负重荷，最后悲怆地倒在医院病床上，到那个时候，你就知道原来健康和快乐比金钱重要得多。

人生苦短，不要总是把自己当成赚钱的机器，要知道生活中有很多有趣的、可以追求的东西，学会把钱财看得淡一些，不要成为金钱的奴隶。用自己的双手创造财富的同时，不妨从事一下自己的业余爱好，不妨欣赏一幅赏心悦目的油画，不妨每天花点儿时间与家人一起聚餐，去散散步、去看电影……等到你真正融入进去，你会发现这些东西带给你的愉悦感要远远大于金钱所带给你的。

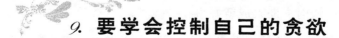

9. 要学会控制自己的贪欲

人人都有欲望，欲望其实并不是一个贬义词。但是欲望一旦过度便会变成贪欲，贪念一起，人就变成了欲望的奴隶。明末清初有一本叫做《解人颐》的书，书中对欲望有一段入木三分的描述：

> 终日奔波只为饥，方才一饱便思衣。
> 衣食两般皆俱足，又想娇容美貌妻。
> 娶得娇妻生下子，恨无田地少根基。
> 买到田园多广阔，出入无船少马骑。
> 槽头扣了骡和马，叹无官职被人欺。
> 县丞主簿还嫌小，又要朝中挂紫衣。
> 做了皇帝求仙术，更想登天跨鹤飞。
> 若要世人心里足，除是南柯一梦西。

由此可见，欲望可以成就人，也可以毁灭人。人如果控制不了自己的欲望，任其自由发展下去，就会变成欲望的奴隶，最终被欲望所淹没。人人都想往更好的方向发展，获得最大的利益，这本无可厚非，但君子爱财应取之有道，如果贪婪成性，无视社会法律和道德，一味地强取豪夺，这样的行为只能遭人唾弃。

因此，每个人都要懂得控制自己的欲望，善待财富，切忌吝啬与贪婪，还要自由地驾驭外物，将钱财用于正道，凭借自己的才能智慧赚取钱财去助人成就好事。

佛家有云："钱财乃身外之物。"生不带来，死不带去；得之正道，所得便可喜；用之正道，钱财便助人成就好事。如果一个人过分重视金钱，就会成为守财奴，一点点小钱也看得如同性命，甚至为了钱财损害别人的利益，有的甚至丢掉自己的性命。不仅仅是金钱，人的贪念也体现在对权势、美色、名利的追逐上，这些其实都是物的范畴，与其为物所役，倒不如"无此一物"。古今圣贤人士也谆谆告诫后人，可以留意于物，但不能留连于物，更不能为物所役。因此，我们要学会锁住贪欲。

锁住贪欲、放下贪婪，会让你活得更轻松、更自在。锁住欲望，要求我们凡事有颗平常心，锁住了欲望就是锁住了贪婪。

从前有一个老锁匠技艺高超，一生修锁无数，为人也很正派。到了快退休的年纪，老锁匠为了不让绝技失传，便从几十个人中挑中了两个年轻人，准备将技艺传给他们。没过多久，在老锁匠的悉心指导下，两个年轻人都学会了不少东西。可按规矩，两个人中只有一人能得到真传，老锁匠决定对他们进行一次考试。

老锁匠准备了两个保险柜，分别放在两个房间，考试的内容就是让两个徒弟去开，结果大徒弟不到 10 分钟就打开了保险柜，相比之下，二徒弟逊色多了，他用了半个小时。看来还是大徒弟技高一筹，大家都为他的高超技艺喝彩。

老锁匠问大徒弟："保险柜里装的是什么？"

"师傅，里面全都是金银财宝。"大徒弟眼中放出了光彩。

老锁匠又问二徒弟："保险柜里装的是什么？"

"师傅，我根本没看见里面是什么，您只让我打开锁。"二徒弟支吾了半天才说。

老锁匠非常高兴，郑重地宣布二徒弟为接班人，这让在场的人都大吃一惊，大徒弟不服气，大家也感到不解。

老锁匠微微一笑，说："做任何行业都要讲一个'信'字，尤其是我们开锁这一行，必须做到心中只有锁而无其他，对钱财更要视而不见，心上要有一把永远不能打开的锁啊。"

老锁匠的话颇具意味，其实人生何尝不是这样？每个人心中都应有自己的一套原则，它是我们为人处世的底线，只有用这把锁才能锁住一切贪欲和私念，这样在我们的人生旅途中，我们才会光明磊落。一旦随意打开它，欲望就会紧紧地抓住你。锁住心中的贪欲和私念，你会发现心灵的天空如此广阔。

第四章　别让欲望迷住了你的眼睛

10. 不要被虚荣所害

如果你有才，不要骄傲自满，以为全世界数自己最聪明；同样，如果你有财，也不要恃财自傲。

有一个成语叫"静水深流"，简单地说就是我们看到的水平面常常给人以平静的感觉，可水底下究竟是什么样子却没有人能够知道，或许是一片碧绿静水，也或许是一个暗流涌动的世界。无论怎样，其表面都不动声色、一片宁静。大海以此向我们揭示了"贵而不显、华而不炫"的道理，也就是说，一个人在面对荣华富贵、功名利禄的时候要表现得低调，不可炫耀和张扬。

沈万三，元末明初人，号称江南第一豪富，原名沈富，字仲荣，俗称万三。万三者，万户之中三秀，所以又称三秀，以此作为巨富的别号。

沈万三拥有万贯家财，但他却不懂得"静水深流"的道理。为了讨好朱元璋，给他留个好印象，沈万三竭力向刚刚建立的明王朝表示自己的忠诚，拼命地向新政权输银纳粮。朱元璋不知是捉弄沈万三还是真想利用这个巨富的财力，曾经下令要沈万三出钱修筑金陵的城墙。沈万三负责的是从洪武门到水西门一段，占金陵城墙总工程量的1/3。可他不仅按质按量提前完了工，而且还提出由他出钱犒劳士兵。沈万三这样做，本来是想讨朱元璋的欢心，没想到弄巧成拙。朱元璋一听，当下火了，他说："朕有雄师百万，你能犒劳得了吗？"沈万三没有听出朱元璋的话外之音，面对如此的刁难，他居然面无难色，表示"即使如此，我依然可以犒赏每位将士银子一两。"

朱元璋听了大吃一惊，在与张士诚、陈友谅、方国珍等武装割据集团争夺天下时，就曾经由于江南豪富支持敌对势力而吃尽苦头。现在虽已立国，但国强不如民富，这使朱元璋感到不能容忍，更使他火冒三丈的是，如今沈万三竟敢越俎代庖，代天子犒赏三军，仗着富有，将手伸向军队。朱元璋心里怒火万丈，但他并没有立即表现出来，决定找机会压压沈万三的骄横之气。

一天，沈万三又来大献殷勤，朱元璋给了他1文钱。朱元璋说："这1文钱是朕的本钱，你给我去放债。只以一个月作为期限，初二起至三十日止，每天取一对合。"所谓"对合"是指利息与本钱相等，也就是说，朱元璋要求每天的利息为100%，而且是利滚利。

沈万三虽然满身珠光宝气，但腹内却没有多少墨水，财力有余而智慧不足。他心里一盘算，第一天一文，第二天本利2文，第三天4文，第四天才8文嘛。区区小数，何足挂齿。于是沈万三非常高兴地接受了任务，可是回到家再仔细一算，不由得傻眼了。第10天本利是512文，可到第20天就变成了52万多文，而到第30天也就是最后一天，总数竟高达5亿多文。要交出如此多的钱，沈万三就是倾家荡产也不一定够啊。

第四章 别让欲望迷住了你的眼睛

后来，沈万三果然倾家荡产，朱元璋下令将沈家庞大的财产全数抄没后，又下旨将沈万三全家流放到云南边境。这一切都是他不知富不能显、富不能夸，为富要自持、谦恭，才能长久保持富贵的道理造成的。

真正有钱的人是从来不露富的，真正有品位、有档次的人都是从来不招摇的。面对财富，要以一颗平常心看待，合理地取舍，这样才能使自己的生活更加幸福和快乐。

第五章
做自己生活的掌控者

每个人都有自己的生活,但不是每个人都能掌控自己的生活。有的人成了生活的奴隶,在现实的压力下终日忙碌,却不知道生活的意义是什么。不妨从这繁琐中解脱出来,审视一下自己的现状,看自己有没有协调好生活的各个方面:你是否能够高效管理自己的时间、是否能够看透得与失?学会独处,给自己一个私有的空间,聆听内心深处的声音。

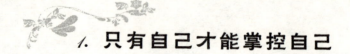

1. 只有自己才能掌控自己

对于每一个追寻生存意义的人来说，你必须克服的弱点是什么？是自卑、沮丧、犹疑，还是了无生趣……无论是什么都不可怕，只要你能正视它。它或许在某一时刻会影响你，但绝不能让它影响你的一生。记住这一诤言你才能跨越障碍，实现人生的意义和价值。

乔普从外表看是一个极普通的人，不普通的是他几乎没有开怀大笑过。他总是一副心事很重的样子，他忘不了自己是一个私生子，更担心会因此遭到别人的嘲笑，所以也很少和别人来往，他的家里除了妻子和母亲，从没出现过别的什么人。

终于，妻子因为受不了沉闷的家庭生活而离开了他，一年以后母亲去世，使他成为真正的孤家寡人。对生活的失望和对自己的绝望更使他倍觉了无生趣，于是他决定自杀。

他带着一瓶剧毒农药来到离母亲墓地不远的地方，毫不犹豫地喝了下去，在他尚未失去知觉时，他突然想起了一句话：你的生命是别人生命的延续，即使不为自己也要为别人活着。

然而，在他还没有来得及深思时已昏然倒地。不知道过了多久，他被冻醒了，感觉到周围浓重的湿气，他睁开眼睛，看到了依稀的星光，这让他十分惊异，一时分不清自己是在天堂还是在地狱。他冲到公路边，看到了急驰的车流和远处的灯火，知道自己没有死。他想不通自己为什么会没有死，是老眼昏花的商店老板拿错了药？还是那种药只能毒死害虫，不能毒死人？不过他已无心追究答案，因为他更愿意相信：这是上帝的意思，上帝希望他活下来，因为另有任务给他。当他知道自己仍然活着，突然间重新有了生存的渴望。他感谢上帝的恩赐让他活下来，给他机会，让他把属于自己的生命延续下去。

从此，乔普成了一个"为别人活着的人"，教堂里无人不知的"全天候"义工是他，教堂里永不疲倦的志愿者是他，那个步履轻快、笑容愉快的人还是他。当他把帮助别人当做自己生命的全部使命以后，已无暇顾及自己曾是一个因了无生趣而绝望过的人。

记得一位心理学家曾经说过，多数情绪低落、自暴自弃、不能适应环境者皆胸无大志，他们没有自知之明，又处处要和别人比，总是梦想要是能有别人那样的机缘便将如何如何。诚然，寻找令自己不满的遭遇的理由易如反掌，关键是看你用什么样的心态去对待它们。

英国政治家威伯福斯痛恨自己矮小，著作家博斯韦尔有一次去听威伯福斯演讲，事后对人说："我感觉他站在台上真是个小不点儿。但是我听他演说，似乎感觉他越说越大，到后来竟成了巨人。"威伯福斯终生病弱，医生让他吸鸦片烟以维持生命，历时 20 年，他却有本领不增加吸食的剂量。反对奴隶贸易与废除英国奴隶贸易制度，多半是他的功劳。

历史上最激励人的成功事迹多半是那些身有缺陷、境遇困难却不怨天尤人，而是勇往直前，不为所困的人谱写的。挪威著名小提琴家布尔有一次在巴黎举行演奏会，一支曲子演奏到一半，一根弦忽然断掉，他不动声色，继续用 3 根弦奏完全曲。这就是人生——一根弦折断，就用其余 3 根弦奏完全曲。

据说，苏格兰军队当年在西班牙作战时，把已故国王布鲁斯的心脏抛在阵前，然后全军奋起抢夺，击败了敌人。这就是前进的方法。

把握你的生命，高悬某种理想或信念，全力以赴，让自己的生活有一个明确目标。有许多人庸庸碌碌，悄然逝去，这是因为他们自甘平庸，认为人生自有天定，却从没想到人生是可以创造的。然而，事实是人生存在世上，哪可能是天定呢？好好地利用自己作为人的优势，使它朝着自己的计划和目标奋进，这样就能成就有意义的人生。

2. 人生在不平衡中平衡

中国有一句俗话叫"知足常乐"，佛教的理想是"少欲知足"。孟子有一句话："养心莫善于寡欲。"这是说希望心能够正、欲望越少越好。他还说："其为人也寡欲，虽不存焉者寡矣；其为人也多欲，虽有存焉者寡矣。"欲少则仁心存，欲多则仁心亡，说明了欲与仁之间的关系。

自古仕途多变动，所以古人认为身在官场的纷华中要时刻有淡化利欲之心的心理。利欲之心人固有之，甚至生亦我所欲，所欲有甚于生者，这当然是正常的，问题是要能进行自控，不把一切看得太重，到了接近极限的时候要能把握得准，跳得出这个圈子，不为利欲之争而舍弃一切。

那么，怎么才能使自己的欲望趋淡呢？"仕途虽纷华，要常思泉下的况景，则利欲之心自淡。"常以世事世物自喻自说则可贯通得失，比如，看到天际的彩云绚丽万状，可是一旦阳光淡去，满天的绯红嫣紫瞬时成了几抹淡云，古人就会得出结论："常疑好事皆虚事。"看到深山中参天的古木不遭斧斨，葱郁蓬勃，究其原因是它们不为世人所知所赏，自是悠闲岁月，福泽年长，"方信人是福人。"中国的古代，自汉魏以来，高官名宦无不以通禅味、解禅心为风雅，从而在失势时自我平衡、自我解脱。

人生在世，除了生存的欲望以外，人还有各种各样的欲望，自我实现就是其中之一。欲望在一定程度上是促进社会发展的动力，可是欲望是无止境的，欲望太强烈就会造成痛苦和不幸，这种例子不胜枚举。因此，人应该尽力克制自己过高的欲望，培养清心寡欲、知足常乐的生活态度。

《菜根谭》中主张："爵位不宜太盛，太盛则危；能事不宜尽毕，尽毕则衰；行谊不宜过高，过高则谤兴而毁来。"意即官爵不必达到登峰造极的地步，否则就容易陷入危险的境地；自己的得意之事也不可过度，否则就会转为衰颓；言行不要过于高洁，否则就会招来诽谤或攻击。

同理，在追求快乐的时候，也不要忘记"乐极生悲"这句话，适可而止才能掌握真正的快乐。在很多时候，争取有时虽然能获得一些快乐，但最终失去得更多。大凡美味佳肴吃多了就如同吃药一样，只要吃得适度就够了；令人愉快的事追求太过则会成为败身丧德的媒介，能够控制一半才是恰到好处。

所谓"花看半开，酒饮微醉，此中大有佳趣。若至烂漫酕醄，便成恶境矣。履盈满者，宜思之"。意即赏花的最佳时刻是含苞待放之时，喝酒则是在半醉时的感觉最佳。凡事只达七八分处才有佳趣产生。正如酒止微醺、花看半开，则瞻前大有希望，顾后也没断绝生机、如此自能悠久长存于天地之中。

又如"宾朋云集，剧饮淋漓乐矣，俄而漏尽烛残，香销茗冷，不觉反成呕咽，令人索然寡味。天下事率类此，奈何不早回头也。"意即痛饮狂欢固然快乐，但是等到曲终人散、夜深烛残的时候，面对杯盘狼藉，必然会兴尽悲来，感到人生索然无味，天下事大多如此，为什么不及早省悟呢？

常常看到有些人为了谋到一官半职，请客送礼，煞费苦心地找关系、托门路，机关用尽，而结果却往往事与愿违；还有些人因未能得到重用，就牢骚满腹、借酒浇愁，甚至做些对自己不负责任的事情。凡此种种，真是太不值得了！他们这样做都是因为太看重名利，甚至把自己的身家性命都压在了上面。其实生命的乐趣很多，何必那么关注功名利禄这些身外之物呢？少点儿欲望，多点儿情趣，人生会更有意义，何况该是你的跑不掉，不该是你的争也白搭。

因此，注重中庸并保持淡泊人生、乐趣知足的心态，才能使自己体会出无尽的乐趣，达到人生的理想境界。

古人云：求名之心过盛必作伪，利欲之心过剩则偏执。面对名利之风渐盛的社会，面对物质压迫精神的现状，要能够做到视名利如粪土、视物质为赘物，在简单、朴素中体验心灵的丰盈、充实，并将自己始终置身于一种平和、自由的境界。

古语中有"鼹鼠饮河，仅止满腹"之说，俗语中有"日有三餐，夜有一眠"之论。这些都说明了一个十分浅显的人生道理：人的一生，物质上并不需要太多。这个道理并不太难懂，但是懂了这个道理，并不能以此来指导人生。因此，我们在生活中，经常看到有许多人永远不能满足，什么便宜都想占，如果自己没有沾上好事，便觉得逆情悖理，所以我们经常看到一些人为了获取物质上的享受不惜舍本、费尽心机，最终是"机关算尽太聪明，反误了卿卿性命"。当然，谁都愿意日子过得舒坦些，但是却有人把它和追逐

第五章 做自己生活的掌控者

无限的物质利益等同起来，而不知道人之所需实际并不多，或者虽然知道，但不能遏止自己膨胀的欲望。他们为了追逐生活的高水平，把自己的人格降到了正常的水平线下。

3. 学会先省察自己

人在很多时候都会产生一些无意识的行为、思想和情绪，诸如愤怒、暴力、贪婪、忌妒、痛苦和悲伤等。可是大多时候，人们对发生在自己身上的这些事情并不知情，非要等到产生了严重的后果，才后知后觉地发现自己做了多么恶劣的事情，到那时后悔也来不及了。

伊凡雷帝是俄国历史上第一位沙皇，3 岁就继承了莫斯科和全俄罗斯大公位，号称伊凡四世。但他性情凶残又生性多疑、独断专行且手段残酷，为此他甚至亲手杀害了自己的儿子。

伊凡雷帝的儿子伊万娶了叶莲娜公主为妻。伊万对自己的这位王妃非常宠爱，又因叶莲娜有孕在身，伊万对她更是百依百顺。按照俄国当时的规矩，宫中妇女穿衣服至少得 3 件以上才算着装整齐。但盛夏季节天气炎热，叶莲娜便在自己的房间只穿了一件薄裙。恰巧伊凡雷帝从房间外走过，看到儿媳有失体统的穿着后大发雷霆，不顾叶莲娜已有身孕，就将她痛打一顿，最终叶莲娜因受到惊吓导致流产。

太子伊万得知消息后去找父亲理论，父子俩起了争执，伊凡雷帝的暴戾性格很快被引爆，他气急败坏地从宝座上跳下来，举起铁手杖朝儿子一顿乱刺，伊万的肩膀和头部都受了伤，而且太阳穴上还被刺了一个洞，鲜血直冒，伊万一头栽倒在地。

直到这时，伊凡才住手，看着自己那沾满鲜血的手杖，他惊呆了，不知所措地站在那里，似乎这一切都是别人干的。忽然，他醒悟过来，趴在儿子身上，不停地吻着儿子的脸。但儿子已经两眼翻白，鲜血不停地从那深深的伤口里涌出。他掏出手帕捂住伤口想止血，却怎么也止不住。他惊慌失措，绝望地惨叫着："天哪！我杀死了自己的儿子，我杀死了自己的儿子！"

因为失血过多，伊万太子身亡了。

伊凡雷帝之所以会杀死自己的儿子都是因为他一时的怒气导致的，恶劣情绪控制了他的行为，最终酿成了苦果。

反观一下现实，现在又有多少人因一时的情绪失控酿成大祸而后悔终生呢？要想改变这种被恶劣情绪掌控的状态，就要学会观察自己的状态，只有知道自己什么时候会出现负面情绪才能让自己避免陷入这种情绪的冲击中，从而用良好的心态来面对生活。

华语世界首席心灵畅销作家张德芬女士在她的著作《活出全新的自己：唤醒、疗愈与创造》一书中强调，人要在生活中观察自己、回观自己。她将观察自己分为 4 个层次：

1. 情绪其实就是身体对你思想的一个反应，只不过有的时候你

第五章 做自己生活的掌控者

还没觉察到，情绪就起来了。感觉你身体哪里紧绷了吗？胃部是否有不舒服的感觉？内心是否紧绷或抽痛？身体是否颤抖？这些都是情绪在你身上作用的结果。观察它、观照它，允许它的存在，全然地去经历它，不要抗拒，这时你就会发现，你的全然接纳和全部经历会让它更快地消失，甚至转化为喜悦。你要能够觉察到，然后告诉自己："哦！此刻我有负面情绪了。"这时候，最重要的就是把注意力放在自己的内心，而不是放在引起你负面情绪的人、事、物上。

2. 先观察一下你此刻的肢体动作是什么。把注意力放在自己的身体上，可以避免让你完全陷入自己的情绪冲击当中。

3. 试着去发觉你在想什么，就是去省察自己的思想。如果你能够倾听到那个"喋喋不休的声音"，你就是省察到了你的思想。听到了之后，也许自己都会吓一跳："我怎么可能会有这种思想呢？"这个时候，请你带着觉悟和爱去观照它。它只是一个思想，不代表你。不要认同，也不要批判它，你只要默默地看着它。

4. 要认识到自己此刻有什么情绪、如何省察情绪。有些人连自己生气了都不知道。其实，观察情绪最简单的方法就是观察你自己。

在一定意义上，省察自己其实可以理解为认识最内在的自我，也就是那个使你之所以成为你的核心和根源。认识了自我，你就可以做到心中有数了，就能知道怎样的生活才是合乎你的本性的，你究竟应该要什么和可以要什么。

学会省察自己是智慧人生的开端，只有先观察自己才能不断改正自己的缺点、不断进步，最终走向成功。

4. 放弃不切实际的幻想

我们经常说：目标越大动力越足。美好的人生从远大的梦想开始，因为伟大的目标将有助于激发人类的潜能。但很多时候，那些不切实际的梦想或太过苛刻的要求却成为了制约人生发展的瓶颈，让人心情抑郁，难以获得真正的快乐。

当约翰还是个孩子的时候，他曾梦想过自己的将来：住在一所有门廊和花园的大房子里，在房子的前面有两尊圣伯纳的雕像；娶一位身材修长、美丽善良的姑娘，她有着乌黑的长发和碧蓝的眼睛，她的吉他琴声美妙、歌声悠扬；有 3 个健壮的儿子，在他们长大之后，一个是杰出的科学家，一个是参议员，最小的儿子成为橄榄球队员；而他自己要当一名探险家，登上高山、越过海洋去拯救人类；拥有一辆红色的法拉利赛车，而且千万不要为衣食去奔波。

可是有一天，在跟伙伴们玩橄榄球的时候，他的膝盖受了伤。为此，他再也不能登山、不能爬树、不能到海上航行了。他没有因为梦想受阻而沮丧，转而开始研究市场销售，并且成为了一名医药推销商。

后来，他顺利地和一位漂亮善良的姑娘结了婚。她的确有乌黑的长发，不过身材矮小而且眼睛是棕色的；她不会弹吉他甚至不会唱歌，但却能做美味的中国菜；她擅长绘画，画的花鸟更是栩栩

第五章 做自己生活的掌控者

如生。

为了经商，他住进了城中一座 47 层高的公寓。在这里，他可以俯看蔚蓝的大海和城市的夜景。但在他的房间里根本无法摆放两尊圣伯纳的雕像，但他却养了一只惹人喜爱的小猫。

再后来，他有了 3 个非常漂亮的女儿，遗憾的是最可爱的幼女只能坐在轮椅上。他的女儿们都很爱他，但没有和他一起玩橄榄球。他们有时去公园追逐嬉戏，可他的幼女却只能坐在树下自弹自唱，她的吉他虽然弹得不好，可歌声却是那样的委婉动听。

为了让生活过得舒适，他挣了很多钱，却没能开上红色的法拉利赛车。

一天早晨，他醒来后，回想起自己年轻时候的梦想。

"我真是太不幸了。"他对他最要好的朋友说。

"为什么？"朋友问。

"因为我的妻子和梦想中的不一样。"

"你的妻子既漂亮又贤惠，"他的朋友说，"她创作出动人的绘画并能做美味的菜肴。"但约翰听后却不以为然。

"我真是太伤心了。"有一天，他对妻子说。

"为什么？"妻子问。

"我曾梦想住在一所有门廊和花园的大房里，但现在却住进了 47 层高的公寓。"

"可我们的房间不是很舒适吗？而且还能看见大海，"妻子说，"我们生活在爱情与欢乐中，有画上的小鸟和可爱的小猫，更不用说，我们还有 3 个漂亮的孩子。"

但他却听不进去。

"我实在是太悲伤了。"他对他的医生说。

"为什么?"医生问。

"我曾梦想成为一名伟大的探险家,但现在却成了一名秃顶的商人,而且膝盖落下了残疾。"

"但你提供的药品已经挽救了许多人的生命。"可他对此却无动于衷,结果,医生向他收取了 110 美元并把他送回了家。

"我简直太不幸了。"他对他的会计说。

"怎么回事?"会计问。

"因为我曾梦想过自己开着一辆红色的法拉利赛车,而且决不会有生活负担。可是现在,我却要搭乘公共交通工具,有时仍要被迫去工作挣钱。"

"可你却衣着华丽、饮食精美,而且还能去欧洲旅行。"他的会计说。

但他仍旧心情沉重,他莫名其妙地给了会计 100 美元,并且依然梦想着那辆红色法拉利赛车。

"我的确太不幸了。"他对他的牧师说。

"为什么?"牧师问。

"因为我曾梦想有 3 个儿子,可我却有了 3 个女儿,最小的那个甚至不能走路。"

"但你的女儿既聪明又漂亮,"牧师说,"她们都很爱你,而且都有很好的工作。一个是护士,一个是艺术家,你的小女儿也是一名儿童音乐教师。"可他还是一样听不进去。极度的悲伤终于使他病倒了,他躺在洁白的病床上,看着那些正在为他进行检查和治疗的仪器,这些正是由他卖给这所医院的。

第五章 做自己生活的掌控者

别在生存中忘记了生活

他陷入极大的悲哀中，他的家人、朋友和牧师守候在他的病床前，为他深感痛苦。

一天夜里，他梦见自己对上帝说："小的时候，你曾答应满足我的所有要求，你还记得吗？"

上帝回答："那是一个美好的梦境。"

约翰问："可你为什么没有把那些赐予我？"

"我能够赐给你，"上帝说，"不过，我想用那些你没有梦见的东西而使你惊奇。我已经赐予你一个美丽而善良的妻子、一份体面的职业、一个好的住所及3个可爱的女儿。这些已经是最美好的了……"

"可是，"他打断了上帝的话，"你并没有把我真正想要得到的赐给我。"

"我可以答应赐给你所有你想要的，但首先我要收回你现在的一切——你美丽善良的妻子、你可爱的女儿们……"上帝说。

上帝的话像一道闪电炸开在他的头上。虽然他一直在抱怨自己的不幸，但他从来都没有想过有一天他要失去他的妻子、女儿及现在的一切。失去了这些，他将无法生存。他想象着没有妻子、女儿在身边的情景，惊恐地拒绝了上帝的提议。

这一夜，他始终躺在黑暗中进行思考，并终于决定重新再做一个梦，他希望梦见往昔的时光及他已经得到的一切。

最后，他康复了，幸福地生活在位于47层的家中。他喜欢孩子们的美妙声音，喜欢他妻子那深棕色的眼睛与精美的花鸟画。夜晚，他在窗前凝望着大海，心满意足地观赏着城市的夜景。从此，他的生活充满了阳光。

144

5. 学会管理自己的时间

时间管理专家皮尔斯警告说："不要以为拖拖拉拉的习惯是无伤大局的，它是个能使你的抱负落空、破坏你的幸福甚至夺去你生命的恶棍。"

拖延是一种很坏的习惯，我们都知道"今日事，今日毕"这句格言，但很少有人这样去做。我们总是得过且过，把今天该做的事情拖到明天完成，把现在该打的电话拖到一两个小时后再打，把这个月该完成的报表拖到下个月去做。这样下去的结果就是工作任务怎么也完不成，压力也越来越重。

拖延是成功的最大敌人，优秀的企业家都懂得做好时间管理的积极意义，有效地利用时间是成功者必备的素质。

伯利恒钢铁公司总裁查理斯·舒瓦普向效率专家艾维·利请教"如何更好地执行计划"，艾·维利称可以在 10 分钟内就给舒瓦普一样东西，这样东西能把他公司的业绩提高 50％，然后，他递给舒瓦普一张空白纸条，说："请在这张白纸上写出你明天要做的 6 件最重要的事。"舒瓦普用 5 分钟时间便写完了。

艾·维利接着说："请用数字注明这 6 件事重要性的次序。"

舒瓦普又花了5分钟将其注明了。

艾·维利又说："好了，请把这张纸放进口袋。明天早上第一件事是把纸条拿出来，做第一件最重要的事，不要管其他的，只是第一项，直至做完。然后，用同样的方法做第二件事、第三件事……直至你下班为止。如果只是做完第一件事并不要紧，因为你总是在做最重要的事。"艾·维利最后说："每一天都这样做，只用10分钟时间，你刚才看见了。当你对这种方法的价值深信不疑时，叫你公司的人都这样做。这个实验你爱做多久做多久，然后给我寄张支票来，你认为值多少就给我多少。"一个月后，艾·维利收到一张2.5万美元的支票和一封信。信上说，那是他一生中最有价值的一课。

5年后，这个当年不为人知的小钢铁厂一跃成为世界上最大的独立钢铁厂。

人们普遍认为，艾·维利提出的方法功不可没。下面是一位著名的企业家所讲的推销员的故事。

在哥伦比亚地区，有一位年轻的推销员坐在我的办公室里。当时正值12月初，我们正在做下一年的年度计划。我问他："你下一年准备推销多少？"

他微微笑了笑说："我保证明年比今年卖得多。"

"你今年卖了多少？"

"我真的不知道。"

这个回答让我很不满意。我用一个问题向这位年轻的推销员挑战："你想在橱具生意这一行中赢得不朽的声誉吗？"

他受到诱惑并热情地回答："要怎样才能做到？"

"很容易，只要打破公司所有时期的纪录即可。"

"不可能，因为纪录本身并不真实。当时，那位创纪录者是他女婿帮他推销的。"

这位年轻人失败的借口是："我无法做到，因为纪录有假。"我重新使他确信纪录是合理的，并向他挑战说："如果你打破所有的纪录，你的照片会和公司董事长的一起挂在总办公室。你可以上全国的报纸，成为世界性的推销员，公司将为你制造金壶。"

于是他动心了，但对销量估计不足。

我提醒他，可以利用他一周最好的销量乘以50就可能打破纪录。这时，他笑着说："对你来说，那是很容易做到的……"我打断他的话："是的，你要做到也不难，如果你相信你能够做到的话。"他仍然不相信自己能够做到，但他答应回去好好想想。那是很重要的一点，因为一个心血来潮时轻易设定的目标在遭遇第一次阻碍时很容易就会放弃。

12月26日，他给我打来长途电话，他兴奋地说："自从本月初我们谈话以来，我就开始精确记录下所做的每一件事。在我敲门时、做电话拜访时、举行说明展示会时、打开样品箱时，我都知道已经得到多少生意，我知道每周卖多少、每天卖多少、每小时卖多少，我将打破那个纪录。"我插话道："不，你不是将打破纪录，你是正在打破纪录。"

我这样说是因为他没有用"如果"，他的决定不是如果式的（专为失败作的决定）。他没说如果我没有汽车失事的话、如果我没

第五章　做自己生活的掌控者

有家人生病的话，我就打破纪录，他是说："我将打破纪录。"

以前他一年从未做出超过 34000 美元的业绩，当时这还不怎么坏。然而在第二年，还是相同的地区、相同的价格、相同的产品，他卖出的橱具总值扣除退回订单与损失之外竟达到 104000 美元，是以前的 3 倍，结果他打破了所有的纪录。公司遵照我跟他所讨论的方式给他酬劳，他得到了名声与"金壶"。

从这个故事里，我们可以看到，做好时间管理、有效的年度计划就可以创造奇迹。故事中的推销员知道自己应该每周卖多少、每天卖多少、每小时卖多少，把自己的时间规划好，用上一年的最好记录来激励自己，自然就能获得想要的成功。

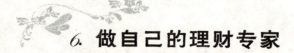

6. 做自己的理财专家

在大多数人的眼中，要想过上好日子，就必须靠省钱这一个方法，平时逛街购物看到喜欢的东西都会告诉自己还是省省吧。他们希望靠节省过上好日子，可是事实是几年之后，他们的经济状况一点儿也没有变化，他们还是买不起喜欢的东西。而另一些人就不一样了，他们总是想着有什么方法可以赚钱，他们可不希望靠着固定的工资和痛苦的克制消费来致富。

吉姆是一个公交车司机，有一天他站在百货公司前，突然闻到一种很好闻的雪茄味，转身一看，原来在自己身边站着一个穿戴得体的绅士，从他手上的雪茄上传出来的雪茄烟的香味让吉姆觉得很陶醉。

吉姆恭敬地与那位绅士搭话："先生，您的雪茄烟味道很香，我想它肯定很贵吧？"

"两美元一支。"绅士平淡地回答。

"好家伙……那您一天抽多少支呢？"

"大概10支左右吧。"绅士微笑着说。

吉姆惊讶了："天哪，您这样抽了多久？"

绅士望着眼前的吉姆，说："抽了30年了。请问，先生，您是为这家烟草公司做调查的吧？"

吉姆认真地说："不，先生，我只是想计算一下，这30年您一共抽了多少美元。我想，您如果不是这样抽烟的话，抽雪茄的钱足够买眼前这幢大楼了。"

绅士反问吉姆："先生，您抽烟吗？"

吉姆自豪地说："不，我才不抽呢，抽烟是浪费。"

"那么，您有一幢百货大厦吗？"

"我哪里有那么多钱？"

"告诉您吧，这幢大楼就是我的。"

在现实生活中，会花钱的人是不是一定会挣钱没有定论。但是不敢花钱的人却一定不会挣钱，因为富人并不是比一般人稍微多点

儿钱，他们完全处于另外一个生活档次，所以他们不是靠一个劲儿地攒钱攒起来的，是靠欲望激发起来的。在达到这个档次之前，你需要学会的是花钱，因为只有大胆地花钱才能激发你赚钱的欲望，这样才能让你对金钱有着渴望，走向通往追求财富的道路。

大胆花钱并不是无节制地花钱，更不是浪费无度。这种大胆是一种理想的大胆，是一种富人的思维。最近流行的一些新理财观念，综合起来就是要着重长期性，即花钱是为了更好地赚钱。

1. 把钱装进自己的脑袋

小王和小谢既是同事又是当年的大学同窗。小王脑瓜精明，工作之余自己还开了一个网店，并且理财有术，积蓄颇丰。而小谢似乎有点儿不懂节约，对好友的提醒充耳不闻。每次发完工资，他都分文不攒，全花在了买书和参加各种培训上，并且还举债数万元读MBA。5年后，他拿到MBA证书跳槽去了一家外企担任高管，工资立即翻了几番，比原来高出十几倍。这时候，所有的人都说他有远见。看来，知识就是财富，年轻时把钱装进口袋不如装进脑袋。

2. 手中"捂股"不如经常"晒股"

股市有一定的风险，因此很多股民偏向于买了股票就束之高阁，这被称为"捂股"，他们认为这种方式很安全，这种方式确实曾经让许多人发了大财。但现在，股票市场瞬息万变，上市公司的业绩也是良莠不齐。面对这种变化，聪明的股民应该在买好股票后关注其业绩和经营状况，一旦遇到业绩下滑、交易异常等情况就应及时做出止损、换股等处理。这其实也是一种大胆的新思维。

3. 给子女攒钱不如在早教上花钱

现代社会，孩子的教育成了一个大问题。如果子女的学习成绩一般，想上好一点儿的中学要交择校费；高考成绩不理想，上民办大学的开支更大。而中国的早教市场正在发展壮大，新观念与新的教育方式也被越来越多的人所接受。因此，许多家长改变了只考虑为子女教育攒钱的老办法，而是注重了请家教、参加培训班、学特长等早教投入。孩子的起点高了，学习成绩自然就好了，近期来说会节省择校开支，从长远看更利于子女将来的就业，甚至会影响孩子一生的命运。

4. 有病及时治不如提前买健康

当前，人们的健康观念在逐步转变，全民健身成为一种潮流，家庭用于外出旅游、购买健身器械、合理膳食、接受健康培训等投入呈上升趋势。因为大家都明白了这个道理：这些前期的健康投入增强了体质，减少了生病住院的机会，实际上也是一种科学理财。

虽然提倡人们要学会大胆花钱、科学花钱。但是具体到每个家庭还是要根据自身的实际情况以及对未来家庭风险的预期和判断来做出合理的消费规划。例如，预期自己将来的收入会下降，自然要预留一些准备金以备急用；从事证券、房产、等高风险职业者，今年的收入可能很高，明年的收入却有可能很低，这样的家庭肯定要留足一定的钱作为储备金；中老年人预期身体状况下降，少不了要为自己早早留好"救命钱"；而对那些一个人的收入占了家庭收入的绝大部分的家庭来说，超前消费的风险就更大了，因为一旦家庭的经济支柱出现了意外，整个家庭的经济基础就会动摇。

所以，大胆花钱的前提一定要建立在牢固的经济基础之上，大胆花钱最重要的一点是要科学合理，不要因为自己的大胆而损失掉那些原本就很美好的东西。

第五章　做自己生活的掌控者

7. 有梦想就要即刻付诸行动

在给自己定好位以后，你可能有很多美妙的构想、详尽的计划，但如果你不去尝试、不敢行动，那么它们就毫无意义。只有大胆尝试，才能把梦想化为现实。

美国探险家约翰·戈达德说："凡是我能够做的，我都想尝试。"在约翰·戈达德 15 岁的时候，他就把自己这一辈子想干的大事列了一个表。他把那张表题名为"一生的志愿"，表上列着："到尼罗河、亚马逊河和刚果河探险；登上珠穆朗玛峰、乞力马扎罗山和麦特荷恩山；驾驭大象、骆驼、驼鸟和野马；探访马可·波罗和亚历山大一生走过的道路；主演一部《人猿泰山》那样的电影；驾驶飞行器起飞与降落；读完莎士比亚、柏拉图和亚里士多德的著作；谱一部乐曲；写一本书；游览全世界的每一个国家；结婚、生孩子；参观月球……"他给每一项都编了号，一共有 127 个目标。

当戈达德把梦想庄严地写在纸上之后，他就开始抓紧一切时间来实现它们。

16 岁那年，他和父亲到了佐治亚州的奥克费诺基大沼泽和佛罗里达州的埃弗格莱兹去探险。这是他首次完成了表上的一个项目，他还学会了只戴面罩不穿潜水服到深水潜游，学会了开拖拉机，并且买了一匹马。

20 岁时，他已经在加勒比海、爱琴海和红海里潜过水了，他还成为一名空军驾驶员，在欧洲上空做过 33 次战斗飞行。

21 岁时，他已经到 21 个国家和地区旅行过。

22 岁刚满，他就在危地马拉的丛林深处发现了一座玛雅文化的古庙。同一年，他成为"洛杉矶探险家俱乐部"有史以来最年轻的成员。接着，他就筹备实现自己宏伟壮志的头号目标——探索尼罗河。

戈达德 26 岁那年，他和另外两名探险伙伴来到布隆迪山脉的尼罗河之源。3 个人乘坐一只仅有 60 磅重的小皮艇，开始穿越 4000 英里的长河。他们遭到过河马的攻击，遇到了迷眼的沙暴和长达数英里的激流险滩，闹过几次疟疾，还受到过河上持枪匪徒的追击。出发 10 个月之后，这 3 位"尼罗河人"胜利地从尼罗河口划入了蔚蓝的地中海。

紧接着尼罗河探险之后，戈达德开始接连不断地实现他的目标：1954 年，他乘筏艇飘流了整个科罗拉多河；1956 年探查了长达 2700 英里的全部刚果河；他在南美的荒原、婆罗洲和新几内亚与那些食人生番、割取敌人头颅作为战利品的人一起生活过；他爬上了阿拉拉特峰和乞力马扎罗山；驾驶超音速两倍的喷气式战斗机飞行；写成了一本书——《乘皮艇下尼罗河》；他结了婚，并生了 5 个孩子。担任专职人类学者之后，他又萌发了拍电影和当演说家的念头。在以后的几年里，他通过演讲和拍片，为他下一步的探险筹措了资金。

第五章 做自己生活的掌控者

在戈达德将近 60 岁时，依然显得年轻、英俊，他不仅是一个经历过无数次探险和远征的老手，还是电影制片人、作者和演说家。戈达德已经完成了 127 个目标中的 106 个，他获得了一个探险家所能享有的荣誉，其中包括成为英国皇家地理协会会员和纽约探险家俱乐部的成员。沿途，他还受到过许多知名人士的亲切会见。他说："我非常想做出一番事业来。我对一切都极有兴趣：旅行、医学、音乐、文学……我都想干，还想去鼓励别人。我制定了一张奋斗的蓝图，心中有了目标，我就会感到时刻都有事做。我也知道，周围的人往往墨守成规，他们从不冒险，从不敢在任何一个方面向自己挑战。我决心不走这条老路。"

戈达德在实现自己目标的征途中，有过 18 次死里逃生的经历。"这些经历教我学会了百倍地珍惜生活，凡是我能做的，我都想尝试。"他说，"人们往往活了一辈子，却从未表现出巨大的勇气、力量和耐力。但是我发现，当你想到自己反正要死了的时候，你会突然产生惊人的力量和控制力，而过去你做梦也没想到过自己体内竟蕴藏着这样巨大的能力。当你这样经历过之后，你会觉得自己的灵魂都升华到另一个境界之中了。

"《一生的志愿》是我在年纪很轻的时候立下的，它反映了一个少年人的志趣，其中当然有些事情我不再想做了，像攀登埃佛勒斯峰或当'人猿泰山'那样的影星。制定奋斗目标往往是这样，对于做有些事可能力不从心、不能完成，但这并不意味着必须放弃全部的追求。""回顾一下你的生活经历并向自己提出这样一个问题是很有好处的：'假如我只能再活一年，那我准备做些什么？'我们都有想要实现的愿望，那就别拖延，从现在就开始做起！"

8. 换一种活法更轻松

生活中除了金钱、事业总还有别的东西，不能把全部的时间都拿去追逐你的欲望而忽略了你的生活。

一个爸爸下班回家很晚了，很累并有点儿烦，发现他 5 岁的儿子靠在门旁等他。"我可以问你一个问题吗?"

"什么问题?"

"爸，你 1 小时可以赚多少钱?"

"这与你无关，你为什么问这个问题?"父亲生气地说。

"我只是想知道，请告诉我，你 1 小时赚多少钱?"小孩哀求道。

"假如你一定要知道的话，我 1 小时赚 20 美元。"

"喔，"小孩低下了头，接着又说，"爸，可以借我 10 美元吗?"

父亲发怒了:"如果你问这个问题只是要借钱去买毫无意义的玩具的话，给我回到你的房间并上床，好好想想为什么你会那么自私。我每天长时间辛苦工作着，没时间和你玩小孩子的游戏。"

于是，小孩安静地回到自己的房间并关上门。

父亲坐下来还在生气。大约 1 小时后，他平静下来了，开始想着他刚才可能对孩子太凶了，或许孩子真的很想买什么东西，再说他平时很少要过钱。

父亲走进孩子的房间："你睡了吗，孩子？"

"爸，还没，我还醒着。"小孩回答。

"我刚刚可能对你太凶了，"父亲说，"我将今天的怒火都爆发出来了，这是你要的 10 美元。"

"爸，谢谢你。"小孩欢呼着从枕头下拿出一些被弄皱的钞票，慢慢地数着。

"为什么你已经有钱了还要？"父亲生气地说。

"因为这之前不够，但现在足够了。"小孩回答，"爸，我现在有 20 美元了，我可以向你买 1 个小时的时间吗？明天请早一点儿回家，我想和你一起吃晚餐。"

故事中孩子的话是否让你心里有过一点儿触动？现实的追求、生活的无奈，每个人的脚步匆匆、眼神慌乱，似乎永远都没有可以停下来休息的一点儿时间，就连关心一下家人的时间都少得可怜。

你的生活是否该这样继续下去？

一位名人说：在尘世中奔波忙碌，容易生病。病了，才能卧床享受一下欣赏青山的清福。人生一世，要常常吟诗歌唱，这样才能写下"阳春白雪"的千篇佳作。

难道你也准备在累病了以后才想起"伏枕看青山"吗？为什么不现在就把工作表划掉一部分，给自己留出那些必须留的时间和空间呢？包括每天定时进餐、拥有充足的睡眠、有时间与家人共处、与友人约会、读书，还有其他的种种爱好。

你需要给自己要做的一大堆事情排定一个优先顺序，随时自问：什么才是要紧事？这将非常有助于你把握正确的生活轨迹。否则，你会发现自己很快又忙乱起来，迷失在一堆杂务之中。知道"什么才是要紧事"，你就会发现，一旦你现有的某些选择与你既定的生活目标冲突，你就完全可以把它们从你的工作表中划去。

美国包登公司的总裁习惯每天走过20条街去他的办公室，他不会急匆匆地坐汽车赶时间。联合化学公司董事长康诺尔偏爱原地慢跑，一直保持着标准体重；日本岩田屋的中牟田荣藏总经理每天早晨5点起床，带着扫把和畚箕，打扫自家周围300公尺的道路，他扫了20年的路。他说，这不仅使他身心舒畅，而且和附近的人们建立了良好的关系。东芝电器公司总经理鹤尾勉在公司从不乘电梯而爬楼梯，以此来锻炼身体，也利用这点儿时间想想问题，他觉得自己没必要为节约那么几分钟而去坐电梯。

每个人都有自己的追求和欲望，包登的总裁、联合化学公司的董事长、日本岩田屋的总经理，他们的欲望不比一般人小，他们的时间不比一般人多，但他们不会被生活的物欲所累，所以他们拥有健康、拥有快乐。

其实，在生活中完全没有必要那么忙碌，虽然钞票少一点儿，只要自己快乐就好；虽然房子小了点儿，活得舒服就行；虽然吃的差了点儿，健康即可。世界上没有绝对的富足，也没有绝对的满足，追名逐利永远没有尽头，何必让自己在利益的趋使下忘记了欣赏身边的美景？要知道，你要的满足可能遥遥无期，你追的可能是海市蜃楼，而身边的美好却唾手可得，停下脚步珍惜现有的一切才是你应该做的。

　　追求可以成为一种快乐，欲望却永远只能是生命沉重的负荷。

　　常常感到活得很累，是因为所求的太多。人总希望拥有得越多越好，爬得越高越好，不断地索取，心灵自然无法得到休息。

　　人要生存，必须有物质做基础，但对于物质的索取必须有一个度。物质可以无限制地增加，但是你却未必都能享受；家有万贯钱财，别人每餐吃一碗，你未必能吃十碗；别人晚上睡在一张床上，你却不能睡在十张床上。

　　因此，为什么不换一种活法呢？抛弃欲望的重负，轻松愉悦地享受人生该多好。当生命走到尽头时，回首往昔，如果头脑中只剩下金光银影，却没有美好欢愉，生命岂不毫无色彩可言？所以，让自己活得轻松一些吧，"清心寡欲，淡泊名利"，你的人生便不再"累"了。

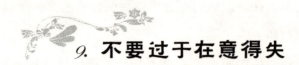

9. 不要过于在意得失

　　清代红顶商人胡雪岩破产时，家人为财去楼空而叹惜，他却说："我胡雪岩本无财可破，当初我不过是一个月俸4两银子的伙计，眼下光景没什么不好。以前种种，譬如昨日死；以后种种，譬如今日生。"胡雪岩的这种对于得失的心态当数"糊涂至极"，然而失去的已经不再拥有，再去计较又有何用？所以还是糊涂一点儿好。

人生的许多烦恼都源于得与失的矛盾。如果单纯地就事论事来说，得就是得到，失就是失去，两者泾渭分明，水火不容。但是，从人的生活整体而言，得与失又是相互联系、密不可分的，甚至在一定程度上我们可以将其视为同一件事情。我们何不认真想一想，在生活中有什么事情纯粹是利？有什么东西全然是弊？显然没有。所以智者都通晓天下之事有得必有失，有失必有得的道理。

山姆是一个画家，而且是一个很不错的画家。他画快乐的世界，因为他自己就是一个很快乐的人。不过没人买他的画，因此他想起来会有些伤感，但这份伤感只能维持一小会儿。

"玩玩足球彩票吧。"他的朋友劝他，"只花两美元就可以赢很多钱。"

于是山姆花两美元买了一张彩票，并真的中了彩，他赚了500万美元。

"你瞧！"他的朋友对他说，"你多走运啊！现在你还经常画画吗？"

"我现在就只画支票上的数字！"山姆笑道。

山姆买了一幢别墅并对它进行了一番装饰。他很有品位，买了很多东西：阿富汗的地毯、维也纳的柜橱、佛罗伦的萨小桌、中国的瓷器，还有古老的威尼斯吊灯。

山姆很满足地坐下来，他点燃一支香烟，静静享受他的幸福，突然他感到很孤单，便想去看望朋友。他把烟蒂往地上一扔，在原来那个石头画室里他经常这样做，然后他便出去了。

燃着的香烟静静地躺在地上，躺在华丽的阿富汗地毯上……1个小时后，别墅变成火的海洋，它被完全烧毁了。

朋友们很快知道了这个消息，于是他们都来安慰山姆。"山姆，真是不幸啊！"他们说。

"怎么不幸啊？"他问。

"损失啊！山姆，你现在什么都没有了。"朋友们说。

"什么呀？不过是损失了两美元。"山姆答道。

在人生漫长的岁月中，每个人都会面临无数次的选择，这些选择可能会使我们的生活充满无尽的烦恼和难题，使我们不断地失去一些我们不想失去的东西，但同样是这些选择却又让我们在不断地获得，我们失去的也许永远无法补偿，但是我们得到的却是别人无法体会到的、独特的人生。因此面对得与失、顺与逆、成与败、荣与辱要坦然对待，凡事要注重过程，对结果要顺其自然，不必斤斤计较、耿耿于怀，否则只会让自己活得很累。

俗话说"万事有得必有失"，得与失就像小舟的两支桨、马车的两只轮，得失只在一瞬间。失去春天的葱绿，却能够得到丰硕的金秋；失去青春岁月，却能使我们走进成熟的人生……失去本是一种痛苦，但也是一种幸福，因为失去的同时也在获得。

一位成功人士对得失有较深的认识，他说：得和失是相辅相成的，任何事情都会有正反两个方面，也就是说凡事都在得和失之间同时存在，在你认为得到的同时，其实在另外一方面可能会有一些东西失去，而在失去的同时也可能会有一些你意想不到的收获。

人的一生，苦也罢，乐也罢；得也罢，失也罢，关键是心间的一泓清潭里不能没有月辉。哲学家培根说过："历史使人明智，诗歌使人灵秀。"顶上的松阴、足下的流泉以及坐下的磐石，何曾因宠辱得失而抛却自在？又何曾因风霜雨雪而易移萎缩？它们踏实无为，不变心性，方才有了千年的阅历、万年的长久，也才有了诗人的神韵和学者的品性。终南山翠华池边的苍松、黄帝陵下的汉武帝手植柏，这些木中的祖宗，旱天雷摧折过它们的骨干，三九冰冻裂过它们的树皮，甚至它们还挨过野樵顽童的斧斫和毛虫鸟雀的啮啄，然而它们毫无怨言地忍受着，它们默默地自我修复、自我完善。到头来，这些风霜雨雪、刀斧虫雀统统化做了其根下营养自身的泥土和涵育情操的"胎盘"。这是何等的气度和胸襟？相形之下，那些不惜以自己的尊严和人格与金钱地位、功名利禄做交换，最终腰缠万贯、飞黄腾达的小人的蝇营狗苟算得了什么？且让他们暂时得逞又能怎样！

人生中，得与失常常发生在一闪念间。到底要得到什么？到底会失去什么？仁者见仁，智者见智。不可否认的是，人应该随时调整自己的心态，该得的不要错过，该失的要洒脱地放弃。

不要以太过认真的态度计较得失，人生才能有更多的风景呈现。

第五章 做自己生活的掌控者

10. 最美的风景就在身边

很多时候，人们都会习惯于感叹熟悉的地方没有风景，好的风景似乎都在远处。于是，我们为了远处的风景而忙忙碌碌，甚至从来没有时间停下来审视一下自己的生活。

当我们历尽千辛万苦，看到自己渴望已久的风景时，又会觉得失望：原来此处的风景也不过如此而已。懊恼过后，我们又开始将目光投向远处，向着另一片看似美妙无比的风景前进。结果又不尽如人意，一次次的奔波换来的都是失望的感叹。你可知，在仰望远处的过程中，自己已经错过了太多生活中的美好。

有这样一个小故事。

一条河隔开了两岸，此岸住着凡夫俗子，彼岸住着僧人。凡夫俗子看到僧人们每天无忧无虑，只是诵经撞钟，十分美慕他们；僧人们看到凡夫俗子每天日出而作、日落而息，也十分向往那样的生活。日子久了，他们都各自在心中渴望着到对岸去。

终于有一天，凡夫俗子们和僧人们达成了协议。于是，凡夫俗子们过起了僧人的生活，僧人们过上了凡夫俗子的日子。

没过多久，成了僧人的凡夫俗子们就发现，原来僧人的日子并不好过，悠闲自在的日子只会让他们感到无所适从，便又怀念起以前当凡夫俗子的生活来。成了凡夫俗子的僧人们也体会到自己根本无法忍受世间的种种烦恼、辛劳、困惑。于是，他们也想起了做和尚的种种好处。

又过了一段日子，他们各自心中又开始渴望着到对岸去，可以预见的是，他们到了对岸，回到各自原本的生活之后，又会开始生出对对岸的渴望。如此一来，他们的人生都只能是不断地渴望对岸，却很难有真正的快乐。

在人生的旅途中，不要只把眼睛盯着对岸。换一种心态，换一种心情，你会发现最美的风景就在我们身边。当你用一种欣赏的态度看待你的生活时，你会发现很多烦恼都是我们自找的，是我们用自己编织的烦恼之网捆住了寻找快乐的心。一旦抛开烦恼，快乐就如影随形了。

在亚利桑那沙漠过的第一个夏天，斯蒂芬就担心自己会被华氏112度的高温烤焦。

第二年4月，斯蒂芬就开始为过夏天担忧，3个月的地狱生活又要来了。有一天，当他在凤凰城的一个加油站给车加油时，和主人西普森先生聊起了这里可怕的夏天。

"哈哈，你不能这样为夏天担忧，"西普森先生善意地责备着斯蒂芬，"对炎炎夏日的害怕只能使夏天开始得更早、结束得更晚。"

当斯蒂芬支付油钱时，他意识到西普森先生说对了。在自己的感觉中，夏天不是已经来了吗？并开始了它为期5个月的肆虐。

"你应该像迎接一个惊人的喜讯那样对待酷暑的来临，"西普森先生一边给斯蒂芬找零钱一边笑着说，"千万别错过夏天带给我们的各种最美好的礼物，而夏天带来的种种不适只需躲在装有空调的房间里就过去了。"

"夏天还能给予我们最美好的礼物？"斯蒂芬急切地问。

"难道你从不在清晨五六点起床？我发誓，6月的黎明，整个天际挂着漂亮的玫瑰红，就像少女羞红的脸。8月的夜晚，满天繁星就像深蓝色的海洋里流动的海水。一个人只有当他在华氏114度的高温里跳进水里，他才能真正体会到游泳的乐趣！"

使斯蒂芬惊奇的是，西普森先生的话果然有效，他不再恐惧夏天了，4月与5月也就自动与炎炎夏季区分开了。当高温天气真的到来时，清晨，斯蒂芬在凉爽的季风中修剪玫瑰花；下午，他和孩子们舒舒服服地在家中睡觉；晚上，他们在院子里玩棒球游戏、做冰激凌吃，痛快极了。整个夏天，他不仅没有感受到炎热炙烤所带来的不悦和烦恼，反而尽情欣赏了沙漠中难得的壮观景象。

几年之后，斯蒂芬一家搬到了北部的克莱兰德。不到9月，邻居们就为寒冷的冬季担忧。当12月的大雪真的落下来时，他们的孩子，10岁的大卫和12岁的汤姆兴奋极了，他们忙着滚雪球，邻居们都站在一旁盯着看"这两个从没见过雪的愣头愣脑的沙漠小子"。

后来，孩子们坐着雪橇上山滑雪、去湖面滑冰。回来以后，一家人围坐在壁炉旁，津津有味地品尝着热巧克力，寒冷的冬天也令人感觉幸福无比。

一天下午，一位邻居感慨地说："多年来，雪只是我们铲除的对象，我都忘了它也能给我们带来这么多欢乐呢。"

人生中，我们会遭遇各种不幸和苦难。但生命只有一次，选择快乐你就会快乐，选择悲观你就会悲伤。而很多时候，客观条件并没有绝对的好坏之分，关键在于人的心态。

两个人同时处在炽热的太阳底下，一个人可能感到这是场苦役，一分钟都难熬；而另一个人用享受日光浴的心态看待这同样的酷热，得到的感受自然不一样。

无论怎样，生命只有一次，何不放下心中烦恼，好好享受这生命的旅程呢？

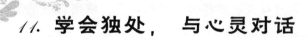

11. 学会独处，与心灵对话

人应当学会独处，给自己一个空间来思考，来安抚自己的心灵。当今社会，经济发展迅猛，生活节奏加快，人很容易就会感觉疲劳和厌倦。据调查，如今职场中，超过一半的人处于亚健康状态。所谓亚健康就是处于健康和得病之间，身体好一点儿能坚持得久一点儿，身体稍微一弱就容易患病，或者是积劳成疾，所以人更应该忙里偷闲，给自己腾出一些时间和空间来独处。在独处中感受生命，在独处中使烦躁的心灵得到安抚，在独处中反思自我，对自己作一下总结和规划，卸下沉重的包袱轻松上阵。

　　人为什么要学会独处呢？对于有自我意识的人来说，独处是人生中的美好时刻和美好体验，虽然会感到寂寞，但寂寞中又有一种充实。独处是心灵成长的必要空间，独处时，我们从繁忙的事务中抽身出来，使时间完全属于自己，从而回归本我的真实状态。卢梭曾说过，上帝把每个人造出来之后，就将每个人特定的模子打碎了。所以，对世上的每个人来说都只有一次生命的机会，都是一个与众不同的、独一无二的、不可复制的生命存在。人的这种生命存在与动物不同，动物只是一种无意识、本能的肉身存在，而人除了肉身的存活之外，还有宝贵的灵魂，每个人都拥有一颗独属于自我的、闪烁着个性光彩的灵魂。在茫茫人世间，在竞争激烈的社会中，大家都在忙碌地追求知识、财富、名誉等，而少有人关注自己的心灵世界，关注独属于自己的灵魂。

　　人活一世，名誉、财富都是身外之物，或多或少，人人都可以求得，但没有人能够替你去感悟自己，感悟自己的灵魂，感悟自己的独特人生。唯有你自己，在远离浮华的世俗之外，独自一人静静地面对心灵中的自己，与之交流、与之切磋，这时你才能够拂去遮蔽在心灵之上的世俗的尘埃，才能呈现出你本真的灵魂，才能品出你自己的生活滋味，才能真正地找回你自己，这才是你这个人与其他人完全不同的一种存在，一种充盈着个性特征、焕发着个性光华的生命存在，这才是一个个体的人的生命存在和成功的真正标志。

　　有这样一句话：每个成功的男人背后都有一个默默奉献的女人。女人为男人付出了很多，女人为家庭、孩子、丈夫、油盐酱醋而忙碌，而女人却很少真正地思考自己。当然，这个自己是独立的自我存在，不是为了某种利益而作出的自私决断。女人应该抽出时间来静一静，享受一个人的孤独，感受生命在时间中的跳动，而不是老想着丈夫有没有外遇、孩子有没有好好学习，或者领导会不会给自己加薪、同事有没有在背后说自己的坏话，应该在那个独属于自己的空间里做自己想做的事，看看书、听听音乐、做一下有氧运动或者小憩一下，或者什么都不想、什么都不做，就那么静静地看着远方，看着夕阳，让晚风从自己的耳旁拂过，听时钟滴滴答答地轻唱。

俗话说弦绷久了也会断，一个人的生活也应当做到有张有弛。纷繁的生活固然热闹，但热闹却容易让人的生活变得浮躁，从而很难静下心来进行深刻的思考；忙碌的追求固然必要，但功利化的追求反而会使人越来越为身外之物所累，从而离自己越来越远。只有学会了独处，才有能力让自己从看似充实忙碌的热闹中解脱出来，为自己找到一块安宁的处所，回归自己的内心，安顿好自己的灵魂。从终极意义上讲，从生到死，我们一个人来，一个人去，在两种世界里我们不缺独处。事实上，独处是心灵的事情，当我们的身体在尘世间穿梭时，我们的心灵却需要独处。

尼采终生未娶，他一生的大部分时间是在与自然界的对话中度过的。在极度的孤独中，他把独处的境界发挥到了极致，他深刻地思考着哲学这个东西。独处使他心灵安静，更铸就了他天才的灵魂。从《悲剧的诞生》到《查拉图斯特拉如是说》，再从《偶像的黄昏》到《瞧，这个人》，他在独处中连接心灵与哲学的通道，一步步使自己丰富，使自己成为一个巨人。

独处是对心灵的释放，独处使人丰富，而且完全不受空间的制

约，更不需要有人作陪。独处时，你可以思想、可以闲适，可以让灵魂四处散步。独处可以让你回归本我的状态，成为自己心灵的主人。

独处不是逃避，而是为了更好地释放。古人云："穷则独善其身，达则兼济天下。"其中的"穷"就是一种境界、一个人独处时的本真修养。

学会了独处才能使自己变得更加强大。在独处中反省自己，对自己做一个清晰的判断，找出自己的不足，从而使自己完善起来、丰富起来。有一句话叫"静若处子，动如脱兔"。独处时，可以使自己的灵魂安静下来，从而为自己增加一种安静的气质。学会独处是生命中的以进为退，人就能更完美，也更能适应社会的发展，更容易为自己找到一条适于生活下去的路。

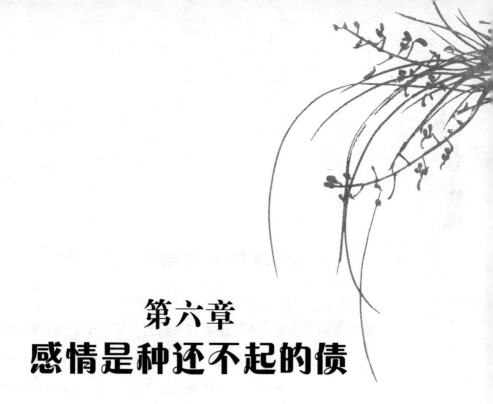

第六章
感情是种还不起的债

无论什么时候事业都能重新开始，而感情却不能。当你终日忙于工作、为事业打拼的时候，其实你已错过了和家人在一起的美好时光。即使你最后功成名就，可能你的父母已经离你而去，可能你的婚姻已经面临崩溃，可能你的孩子已经成为问题学生……这一切都是无法用金钱去弥补的。一定要记住，感情是种还不起的债，不要做让自己以后感到后悔的事。

1. 用真心为婚姻 "保鲜"

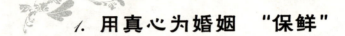

　　婚姻是两个相爱的人真正走到一起组建了一个家庭，婚姻不应该是爱情的坟墓，相信谁都希望婚姻天长地久。但是，这时候女人的婚姻已开始进入平实的生活阶段，有了宝宝后的生活更是每天忙碌，生活趋于平淡，没有想象中的那么浪漫。日子不仅平淡如水，而且有时还烦琐得惊人，时间久了会缺少激情，甚至有的婚姻早早地便触礁了，这说明婚姻需要保鲜了，需要我们把五光十色的内容加入进去，再混合我们的真情与爱，婚姻之树就会常青。

　　现代人都有这样的常识：想要保持食物的新鲜，就把它放进冰箱里。

　　当然，爱情也会过期，所以人们想到的最好的办法就是把它放进名叫"婚姻的冰箱"里。但生活常识又告诉我们没有一台冰箱能够使里面的东西"永葆新鲜"，它只能延长物品的寿命。更现实的是，冰箱里还放着许多与爱情无关的东西。保存不当，它们会使爱情串味，加速变质，最终会污染整个冰箱。

　　因此，不要把婚姻扔进冰箱就置之不理，要时不时打开冰箱，时不时把容易腐化感情的东西挪出去，时不时把除臭除味的芳香剂放进去，时不时在陈旧的爱情中添加新鲜的感情防腐剂。如果一时偷懒，及时补勤还来得及；如果一人疏于照管，另一人及时接班也还来得及。只要婚姻中的两个人能时刻注意为婚姻保鲜，生活就会时刻充满激情与浪漫。

那些婚姻生活维持得越长、越美满的夫妻，往往越会保持刚恋爱时那种炽热的感觉。

有人说，那种炽热的感觉和爱情会随着时间的流逝而消失，要想办法去维持。这就是说，要努力营造婚姻中的浪漫、情趣和幽默。

每一个人都希望自己拥有一份浪漫的婚姻生活，有的人以为只要找个浪漫的对象，婚姻就可以永葆浪漫，这是错误的想法。浪漫的人，特别是婚后的浪漫更需要用责任和智慧在现实生活中去营造。

婚后的生活很容易使双方陷入日常的、千篇一律的家务活动中，因此，彼此的角色由原来的恋人变成了工作伙伴和访客。久而久之，两人没了激情却有了距离，生活没了色彩却有了乏味，于是爱情渐趋瓦解，婚姻面临危机。

婚姻的保鲜内容是十分丰富的。从小事做起、从不经意中做起、从情感做起、从包容做起，等等，例如，女人可以每天给丈夫熨一下衬衣，让丈夫在一天的生活中体会到妻子的关怀；可以在丈夫上班前擦一下皮鞋，顺便告诉他，希望他早点儿回家。现在很多男人做早餐、送孩子，为妻子担当了一定的家务，光干不行，如果加上一句"妻子上班很累，我多干点儿"，妻子听了这样平常的语言，表面没什么，但内心是愉悦的。当然还有更多的方法，在临下班时打个电话，给对方一个礼物、一个惊喜，投其所好是最恰当的保鲜方法。

婚姻的保鲜不能不提到性生活。可以把性生活放到保鲜内容中。在国家没有控制生育的时代，孩子一大群，生活的压力使夫妻双方的精力都投入维持生活之中，性生活的概念日益淡化。周围的生活环境和人们的思想也没有今天这样繁杂，从离婚率的数据中大家就可以有明显的体会。随着经济的不断发展、文化素质的不断提高，性生活问题日益凸显出来。性生活是婚姻中重要的保鲜内容，如果把性生活当成了履行的义务，不注入活力，时间长了，也会没有了吸引力。特别是女人，女人在性生活中处于被动的地位是普遍的，表达自己的要求时是羞涩的、含蓄的。让你的丈夫了解你的需求和想法就是要加强沟通，学点儿保鲜的方法。

使婚姻保鲜的形式是丰富多彩的，根据文化程度的不同、经济条件的限制、生活习惯的养成，不同的家庭有不同内容。结婚纪念日是最好的保鲜机会，它给我们提供了时间、内容……使我们有无数个理由向对方表达自己的爱，表达自己对家庭、对对方的要求，让夫妻感情回到当年的热恋境界，把"死了都要爱"表达得淋漓尽致。

海鲜是道名菜，就是贵在了"鲜"字，婚姻的保鲜，就是难在了"天长地久"上。生活中每时每刻都需要理解、包容、爱恋对方确实是很累的事情、很小的事情、很难的事情。保鲜婚姻是一生的课题，它也潜移默化地影响孩子。

为婚姻保鲜，看起来是一件很抽象的事，但只要用心去打理，用爱去经营，用智慧去管理，这样的婚姻给人的感觉肯定是每时每刻都是新鲜的。下面是一些令婚姻保鲜的良好方式，值得借鉴：

1. 保持一颗童心

很多人对一些中老年人喜欢手舞足蹈、载歌载舞不理解，甚至称之为"精神病"然而，这些人却忽视了童心不泯能增加许多生活情趣。其实，只有童心不泯，青春才可常驻，爱情才可历久弥新，所以最好能多保留一点儿天真、单纯，多拥有一点儿爱好、好奇心，多玩一点儿游戏。不管是男人还是女人，在外尽管当"正人君子"，可回到家，大门一关就最好当个大孩子。这样生活就会充满乐趣，夫妻之间也会有新鲜感。

2. 制造浪漫

不少家庭太注重实际，而缺少浪漫。也许有人会碰上这样的提问："工作、家务忙活儿了一整天后，一家人为什么不去散散步呢？"他会回答说："我很累。"然而这些说"很累"的人过不了一会儿就垒起"四方城"来，甚至彻夜通宵打麻将。可见，能否浪漫的关键在于是否拥有浪漫情怀。不要以为浪漫无非就是献花、跳舞，不要以为没有时间、没有钱就不能浪漫。要知道，浪漫的形式是丰富多彩、多种多样的。只要用心去做，让对方感受到你的爱，这就是浪漫。

3. 制造幽默

许多人把喜欢开玩笑的人看成油嘴滑舌、办事靠不住的人，认为夫妻之间讲话应该讲求实在，用不着讲究谈话艺术。殊不知，说话幽默能化解、缓冲矛盾和纠纷、消除尴尬和隔阂、增加情趣与情感，让一家人其乐融融。

4. 制造亲昵的举动

许多夫妻视经常亲昵为黏黏糊糊，解释"不当众亲昵"是不轻

第六章 感情是种还不起的债

173

浮的表现。但专家研究发现，亲昵对提高家庭生活质量有着妙不可言的作用，而长期缺少拥抱、亲吻的人容易产生"情感饥饿"的现象，进而产生感情危机。因此，在家庭生活中最好能多点儿亲昵的举动。例如，长大了的女儿仍挽着父亲的手；夫妻出门前拥抱、接吻；一方回来迟了，不妨拍拍忙碌的另一方的"马屁"等等。

5. 说情话

心理学家认为，配偶之间每天至少得向对方说 3 句以上充满感情的情话，如"我爱你"、"我喜欢你的某某优点"。然而，不少人太过注意含蓄，有人若把"爱"挂在嘴边，就会被说成是浅薄、令人肉麻，不少夫妻更希望配偶把爱体现在细致、体贴的关心上，这固然没错，但如果只有行动而没有情话，会不会给人以"只有主菜，没有佐料"的遗憾呢？

6. 时常沟通

人们在生活中时常可见，一些平日相处不错的夫妻一旦吵起架来就翻陈年旧账，把陈谷子、烂芝麻的事儿一股脑儿全倒出来，结果"战争"升级、矛盾激化，有的甚至导致劳燕分飞。正确的做法应该是加强沟通，有意见、矛盾应诚恳、温和、讲究策略地说出来，并经常主动去了解对方有什么想法。吵架并不一定是坏事，毕竟它也是一种沟通手段，只是吵架时千万别翻旧账、别进行人身攻击。

7. 互相欣赏

人们常用欣赏的眼光看自己的孩子，所以总觉得"孩子是自己的好"；又因为常用挑剔的眼光看配偶，所以总认为老婆（丈夫）是别人的好。例如，一方全身心扑在工作上，另一方既可以赞赏：

"他（她）事业心强！"也可以指责："他（她）一点儿也不把家放在心里！"这就说明用不同的眼光去评价同一件事，结论会大相径庭。如果你不假思索就能数出配偶许多缺点，那么你多半缺乏欣赏的眼光。如果你当面、背后都只说配偶的优点，那么你就等于学会了爱，并能收获爱。

婚姻这门学问需要人一辈子去学习，正所谓活到老学到老，一时的疏忽大意可能会带来一生的遗憾。

2. 婚姻中要学会沟通

婚姻中的双方由于来自两个不同家庭，有着不同人生观、价值观，客观存在的差异难免会使他们在共同的生活中产生一些摩擦，如果不能及时进行深入的沟通，那么"小摩擦"就会变成大矛盾。

因此，为了避免蓄积恶性能量，夫妻双方一定要选择好时机，巧妙而策略地进行交流沟通。我们经常在一些外国影视片中听到夫妻某一方说："我想找你谈谈！"于是，双方会找一个机会把心中的不快全倒出来。而不少夫妻却把意见、不快压抑在心里，不但不挑明，还美其名曰"脾气好、有修养"。其实，互相闭锁内心的抑郁情绪只能导致误会加深，长期压抑会导致恶性能量蓄积，一旦爆发，破坏性便更大。

不同内容的交流沟通对时机的选择有不同的要求，比如交流沟通不愉快的话题或想提出意见，在时机的把握上就要动一下脑筋，千万不要在丈夫或妻子心情不好时提出来，特别是当男人劳累了一天之后，回到家里，最想得到的就是轻松愉快的心境，此时女人最好不要提起不愉快的事情。男人希望事情过去就不再提起，你最好不要动不动就提令人烦恼的旧话，即使有老账也不要在这个时间算，因为据婚恋专家讲，此时是容易爆发"战争"的敏感时间，如果此时你能制造出一种愉快的气氛，让两人一起回忆幸福的往事，将会度过一个美好的夜晚。

如果你对丈夫有意见，想跟他吵架，千万不要当着同事、朋友的面或当着孩子、他父母的面，这样做的结果只能是两败俱伤。男人多数都很重视自己的尊严和面子，所以你应注意自己的行为对他造成的感受，不要在大众面前伤了他的自尊，还是多注意一下自己在外人和他同事面前的言行为好，尤其不要大事小事都找他的父母、同事、朋友或领导反映。

即使掌握了以上的原则，夫妻之间仍然会有摩擦，也会有"冷战"，这时，夫妻之间一定要有一方站出来，寻找合适的时机进行沟通。但是，现实中却很难有一方首先进行交流，这是因为：一是夫妻间的"冷战"给双方造成了心理压力，另一点是"冷战"后双方都渴望与对方沟通，只是碍于面子谁也不愿主动打破僵局，仿佛谁主动谁就是"冷战"的肇事者。其实对于夫妻来说原本不该有这么多的顾虑，想想当初恋爱时的"一日不见如隔三秋"和相互的关爱，就没什么是沟通不了的。有了摩擦都较着劲儿不理对方，久而久之真的可能会使对方习惯了没有你的日子，以致分道扬镳。

只要彼此还想维持婚姻关系，并且希望婚姻生活幸福美满，就必须有一方首先开始交流沟通，丈夫作为男人，尤其要勇于担起这副重担。有一对关系还不错的夫妻某天闹了别扭，接下来谁也不理谁，过了几天后，妻子回家推门后看到以前井井有条的家像进了贼一样，东西乱七八糟摆了一地，卧室的门敞开着，丈夫跪在地上不断地从柜子里向外扔东西，越扔越急的样子好像是在找一件很重要的东西。妻子忍不住问丈夫："你在找什么？"丈夫猛然回头回答道："我在找你的这句话。"小小的插曲使妻子明白了丈夫的良苦用心，于是夫妻终于讲和了。

其次，因为男人天生不太喜欢用言语表达思想和情感，所以应当着重加强这方面的训练。

做丈夫的切莫仅仅认为沟通不过是说说话而已，其实里面大有学问，在与妻子谈话时最好不要忘记以下几点：

1. 常常回忆恋爱时两人在一起谈话的情形，在婚后仍然需要表现出同样程度的爱意，尤其要将你的感受表达出来。

2. 女人特别需要与她认为深深关怀与呵护她的人谈话，以表达她对事物的关切与兴趣。

3. 每周有 15 个小时与另一半单独相处，试着将这段时间安排得有规律，成为一种生活习惯。

4. 多数女人当初是因为男人能挪出时间与她交换心里的想法与情感才爱上他的，如果能保有这样的态度与心意，继续满足她的需求，她对男人的爱就不会退色。

5. 如果你认为抽不出时间与妻子单独谈话，多半是因为你们在安排事情的轻重缓急上有问题，同时在设定的谈话时间里最好不讨论家庭的经济问题。

6. 不可以利用交谈作为惩罚对方的方式（冷嘲热讽、称名道姓、恶语相向等），谈话应该具有建设性而不是破坏性。

7. 不要用言语来强迫对方接受你的思考方式，当对方与你的想法不同的时候，要尊重对方的感受与意见。

8. 不要将过去的伤痛提出来刺激对方，同时要避免僵持在目前的错误里。

9. 迎合对方感兴趣的话题，也培养自己在这方面的兴趣。

10. 谈话时避免打断对方，试着把同样的时间留给对方来发言。

婚姻中的沟通应该是双向的，不要总是只顾自己说而不倾听，只有彼此尊重、互相倾听的沟通才是有效的沟通。

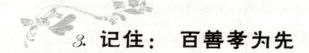

3. 记住：百善孝为先

中国有句老话叫做"百善孝为先"，大意应该是：如果你想做个好人，那么首先应该做到的是孝敬父母、尊重家人。家庭作为构成社会的最基本的单位，它的和谐与安宁直接影响着整个社会的道德水准与发展方向。"家和万事兴"，"家和"是"万事兴"的前提与保证，只有"家和"才有整个家庭的幸福安康，也只有"家和"才有整个国家的兴旺与安定。

有这样一个个民间故事，说的是在很久很久以前，有一个国王非常嫌弃老人，他向全国发布了一道非常残酷的命令：但凡父母到了60岁，就得由他们的儿孙们送到一座大山的悬崖上去抛掉，否则将处以重刑。

这天，有一个60岁的父亲被儿孙们用箩筐抬着往深山悬崖走去，途中他们经过一座黑黑的大森林，这时，60岁的老父亲一个劲儿地用手折断路旁的树枝，孙子问道："爷爷，您不是要被扔到悬崖下面回不来了吗？干嘛还弄断树枝做记号啊？"爷爷回答说："傻孩子，我就要被扔下山崖回不来了。我折断这些树枝是为你们做记号呀，为的是让你们回家时不会迷路。"

儿孙们听了不禁放声大哭，他们悲痛地说："我们怎么能忍心把这么好的老人抛下山崖呢？"于是，他们又把老人抬了回来，偷偷地藏在地窖里奉养着。

后来的故事就是老人如何运用人生的丰富经验和智慧战胜了邪恶，帮助了国家也拯救了国王，而且不仅拯救了国王，更重要的是使国王那颗残酷的心得到了净化，使他终于认识到不仅不能遗弃老人，而且应该加倍地尊重老人。

其实，那个愚蠢而又毫无善心的国王为什么就没有想到自己也有60岁的时候？到老了他该怎么办呢？

社会的发展与变化使"孝"的含义产生了巨大的变化，现代意义上的"孝"已经不再是传统中的茶足饭饱与衣食无忧了，它更多的应该体现在对于父母及老人在精神领域的关怀与照顾，更多的是满足老人对于天伦之乐的追求与向往。有一首歌唱得好："找点空

第六章 感情是种还不起的债

闲，找点时间，领着孩子常回家看看……"其实，现代的"孝"应该更为简单，它在更多的时候仅仅体现在工作之余对老人孤独心理的些许承担，或者仅仅只是与父母一道吃一次精心准备的晚餐。时代在变，而老人对于儿女的那份担心与爱恋却不会变；生活在变，但"儿行千里母担忧"的道理却不会变。所以我们的"孝"，在现代社会就是让为人父母的知道，有了儿女，他们便不再孤单；有了父母的牵挂，做儿女的会永远平安。

父母与儿女永远不会生活在同一个时代，父母与儿女永远都会有思想上的代沟存在。我们可能永远都无法理解父母对我们的那份"多余的担忧"，就如同我们永远也无法理解我们的儿女对我们的那份永远的"反叛"。但是这并不应该成为我们与父母沟通的障碍，也不应该成为我们为"孝"的负担。人与人之间，只有沟通才能理解彼此的思想，也只有沟通才能化解矛盾、和谐共处。与人交际尚且如此，对我们的父母是不是更应该敞开我们的心灵呢？

尊重别人、孝敬父母、与展现自我和张扬个性本不应该是一对无法化解的矛盾。"兼听则明，偏听则暗"，多去听听别人（包括我们自己父母）的意见与建议，对我们很有好处。再则，为人父母者对于儿女，大概永远都只会为其好、不愿助其坏吧？

无论社会如何发展，无论时代如何变化，尊重别人、孝敬父母，永远都不应该成为落后于时代的思想，成为不符合现实的古董，而应该永远成为我们所遵循的最基本的道德准则。"孝"是营造和谐家庭的法宝，只有我们与父母的关系融洽了，只有我们的家庭关系和睦了，我们的整个社会才能够走向和谐、走向稳定，我们的国家才能不断地走向繁荣。

4. 请记住父母的生日

所有的父母都能够记住子女的年龄，是否所有的孩子都能够记住父母的年龄呢？就算能够勉强记住父母的年龄，又有多少人能够记得住父母的生日呢？

曾经看到某调查机构对 100 名 40 岁以下的中青年人进行了一个对家庭成员生日、年龄记忆的测试，调查结果显示，100 个人中有 57 个人不知道父母的生日，74 个人不知道父母的具体年龄。可是，当问及孩子和爱人的生日及年龄时，几乎全都迅速、准确地回答出来。

尊老敬老是中华民族的优良传统，在新的历史时期弘扬这一优良传统有利于提高现代文明的水平，构建和谐社会。让老人在寿宴、寿礼和欢笑中感受浓郁的亲情无疑是一种生动的敬老体现。作为子女，记住老人的生日是对父爱、母爱的一种回报，更是尊老敬老的具体表现。物质赡养和精神赡养构成了"孝"的内涵，这两者是密不可分的，而精神赡养有时比物质赡养更重要，为老人过一个热热闹闹的生日则是这两者相互结合的生动体现。

记住孩子和爱人的生日无可厚非，也是亲情使然。然而，多达 57% 的人忘记了父母的生日，这是应该引起他们深思的。

生日是一个人的生命痕迹，是人生的阶段性印记。祝贺生日有着丰富的人文色彩，体现着人性关怀的色彩。少年儿童的生日是成长的欣喜，犹如破土而出的幼苗生机勃勃；青年人的生日是激情的进发，犹如美丽的花朵绽放着青春和浪漫；中年人的生日是拼搏的颂歌，犹如莽莽的森林般深沉和厚重；老人的生日是生活的恋歌，犹如辉煌的落日在炫目的金色中浸润着淡泊宁静和依依不舍的忧愁。老年人已进入人生的"丧失期"，过一年就少一年，因而为他们过生日就显得弥足珍贵。于是，我们更有理由记住老人的生日，因为这意味着记住了自己的责任、爱心和孝心，更记住了人类文明的真谛。

在一个电视节目里，记者采访路人是否记得父母的出生年月日，多数人都答不出来。在记者采访一个老人的时候，问他的儿女是否给他过生日时，他说不，从来没有过。在他老伴儿活着的时候，老伴儿记得他的生日，但是现在……只剩下他个人独自过着伤心的日子。

作为父母都记得自己孩子的生日，可是当问到是否记得自己父母的生日时，很多人却都无言了。

有些老人为自己的孩子辩解，说他们都忙，过不过生日都不要紧。

还有一对母女，记者先让母亲把自己的生日偷偷告诉记者，再问他的女儿，可是女儿的回答却跟母亲说的不一样，而当记者打电话问她的父亲时父亲竟然一下子说出了女儿的生日。

这一幕幕都让我们惭愧和寒心。老年人的生日不但是人生年轮的记号，而且还是他们健在的一种庆幸，更是一种幸福的标志，我们没有理由去淡忘它。记住老人的生日是对父爱、母爱的一种回报，更是养老敬老的美德；记住老人的生日，送上一份老人喜爱的礼物，带孩子陪伴老人唠唠家常，哪怕是打一个充满温馨问候的电话，对老人也是一种无比的慰藉。记住老人的生日，送上亲情、送上温馨，这是我们应该做的事。

每当我们过生日时，父母都会买来我们喜爱的礼物或做一顿丰盛的饭菜为我们祝贺，生日对于一个人来说是非常重要的，因为它记录着我们在这一天来到了这个丰富多彩的世界上，它标志着人生的开始。父母也不例外，他们也有自己的人生，他们的生日也一样需要纪念。

有首歌唱道："感谢天，感谢地，感谢阳光照耀着大地。"人是社会关系的总和。我们的一举一动、一呼一吸都离不开社会环境；我们的成长进步、事业成功都离不开别人的帮助和提携；从父母的养育之恩到安全稳定的社会环境，所有这一切我们都应当铭记在心、感念不忘，正如孟郊的《游子吟》里所云："谁言寸草心，报得三春晖。"

然而有一则报道说，记者在某中学一个班中询问"你是否记得父母的生日"时，多数学生的回答让人失望，要么是"不记得"，要么是"只记得大概"，或者"从来没有给爸爸妈妈过生日"。能够确切地记得父母的生日并在当天表示祝福的只有四五名。这种情况会让多少为人父母者感到伤心呢？

拥有感恩之心是做人的起码道德。人要学会感恩，首先从记住父母的生日开始，一个连父母的养育之恩都不感激的人，怎么会去感恩别人呢？一个不关爱父母的人，又怎么能奢望他去关心国家和社会？

养儿方知父母恩，有了孩子以后，我们才会知道父母的艰辛，是他们给了我们这样美丽的生命。饮水思源，我们的父母慢慢地消

第六章　感情是种还不起的债

183

耗了他们的青春和生命来圆润我们的青春和生命。也许他们并不要什么回报，小小的言语上的关心就会让他们很感动，既然我们可以做到，为什么要对自己的亲人吝啬那样的关怀？这样的恩情难道不是比天高、比海还深吗？

自己的生日便是母亲的受难日，因此，记住自己的生日是为了记住母亲的恩情。我们从小在父母宽厚的羽翼与包容下成长，他们给了我们无私的、无尽的爱。记住世上最爱你的人是父母，在你受伤的时候，在你疲惫的时候，在你犯错的时候，父母会给你无尽的怜惜和包容。

因此，请记住父母的生日吧，记住他们的爱，别再对那些重要的日子无动于衷，你的无所谓是对父母恩情的极大漠视。

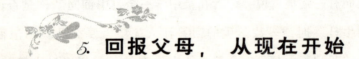

5. 回报父母，从现在开始

有这样一个故事，一个人要去远方拜菩萨为师，路上遇到一位禅师，禅师对他说：与其拜菩萨，不如拜佛，并告诉他：当你回到家，看到有个人披着毯子，反穿着鞋来迎接你，那就是佛。那人遵照禅师的嘱咐回到家，已是深夜时分。他的母亲听到儿子的呼喊，立刻兴奋地跑去开门。匆忙中母亲没来得及穿衣服，只披了条毯子，拖鞋也穿错了。见到冲出门来的母亲，儿子顿时大彻大悟。

几年前初冬的一天，有一位朋友随单位去慰问一户困难家庭。去前听说那户人家有一位老母亲和一位残疾的儿子，便想象着那个被不幸摧残的家庭会是怎样一种杂乱沉闷、令人怜悯的景象。

　　当女主人的身影出现在他们面前时，他不觉有些暗自惊讶。她面容清癯却精神矍铄，衣着俭朴却干净整洁，就连满头的华发也梳理得一丝不乱。进屋后更令他吃惊不已：屋里的陈设很简陋，但窗明几净，不见丝毫微尘，水泥地面光洁如镜。见到女主人的儿子时，他感到的已经是心灵的震颤。她的儿子是一位年近五旬的中年人，他相貌有些丑陋，身高只有一米多点儿；他面容清瘦，可能是很少外出的原因，脸色青灰中透着苍白，但他的脸上同样洋溢着一种善良的明快。使他感到意外的是室内悬挂的几幅工笔画竟出自那位身有残疾的儿子之手。那幅画颇有功力，绝非信手画出。即使是常人，如果没有一二十年的磨炼也很难达到那种水准。他所画的仕女图形象清丽端庄，色彩鲜艳明快，背景多不设色，一片洁白，让人感受到作者对生活的向往和热爱，以及对自身处境平和心态。母亲说，她的儿子从小就喜欢画画，没有人教，便自己学。现在倒是常有人上门求画，就连附近的部队举行军民共建联欢会也常常请她儿子去现场做画呢。母亲讲述时，眼睛中放出兴奋的亮光，很为儿子自豪。

第六章　感情是种还不起的债

　　母亲敞开宽大的胸怀，让孩子走遍天涯都能感受到她的关爱；用温暖的手牵着孩子，领他从生命的寒夜走到灿烂的阳光下；即使燃烧自己的生命，也要给孩子一个春日的心情。世上有些东西可以

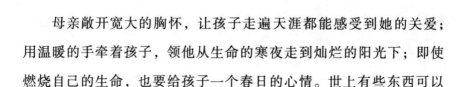

弥补，有些东西却永远无法弥补，错过了对父母尽孝心将永远无法弥补。"孝"是生命交接处的链条，一旦断裂将永远无法连接。

有这样一个故事，一个学生家庭十分困难，父亲逝世，弟妹嗷嗷待哺，可他大学毕业后还要坚持读研究生，母亲无奈，只有去卖血……在人们看来，他是一个自私的学子。求学的路很漫长，一生一世的事业，何必太在意几年蹉跎？况且这其间的分分秒秒都苦涩无比，需用母亲的鲜血灌溉！一个连母亲都无法挚爱的人，还能指望他会爱谁？把自己的利益放在至高无上的位置的人，怎能为社会与国家作出大的贡献？

生活中不乏这样一些人，父母病重在床，他们却断然离去，然而他们却未曾意识到，无论你有多少理由，地球离了谁都照样转动，不必将个人的力量夸大到不可思议的程度。在一位老人行将就木的时候，将他对人世间最期冀的希望斩断，以绝望之心在寂寞中远行是对生命的大不敬。

相信每一个赤诚忠厚的人都曾在心底向父母许下"孝"的宏愿，相信来日方长，相信自己必有功成名就衣锦还乡的那一天可以从容尽孝。

可惜的是，人们忘了时间的残酷，忘了人生的短暂，忘了世上有永远无法报答的恩情，忘了生命本身有不堪一击的脆弱。

如果有一天，你发觉父母真的已经老了，身体已经衰弱到需要别人照料了。如果你不能照料，请找人照料他们，并希望你能常常探望，不要让他们觉得被遗忘了。每个人都会老，父母会比我们先老，我们要用角色互换的心情去照料他们，才会有耐心，才不会有怨言。当父母不能照顾自己的时候，你要警觉，他们可能很多事都做不好，你只能帮他们清理，并请维持他们的"自尊心"。当你在享受食物的时候，请替他们准备一份大小适当、容易咀嚼的食物，因为他们不爱吃可能是牙齿咬不动了。从你出生开始，喂奶、换尿布、生病时不眠不休地照料、教给我们生活的基本能力、供我们读书、吃喝玩乐和补习功课，对我们的关心永远都不停歇。如果有一天，他们真的动不了了，角色互换不也是应该的吗？为人子女者要切记，父母的现在就是自己的未来，尽孝要及时。

6. 做好婆媳之间和谐相处的纽带

人到中年，父母健在、子女绕膝，家庭生活似乎应该其乐融融，然而事实未必如此。生活中，很多男人不得不在父母与妻子之间左右为难，一旦婆媳发生矛盾，男人轻则做夹心饼干，重则两边不是人，在这样的家庭里生活不累才怪。但是，只要男人学会斟酌取舍，就一定能处理好纷争，拥有和谐的家庭。

婆媳之间的关系很微妙，处理得好坏全看男人的表现。男人就像一个坐在跷跷板中间的孩子，不可以把力量都使向一处，只有协调好力度才能不从板上跌下来。

在广州工作的魏先生深受夹在母亲与妻子之间难做人的痛。

187

"结婚两年来，我一直像块夹心饼干似的，一边在母亲的要挟中尽孝顺之道，一边在妻子的离婚威胁中小心谨慎，我实在是筋疲力尽、走投无路了。"

魏先生和妻子是在苏州认识的，妻子是苏州本地人，后来魏先生去了北京发展。女友为了不失去这份感情，放弃了在家乡稳定的工作，也来到了北京。一年后，当魏先生把女友带回家时，却遭到了母亲的强烈反对，说女孩太娇气，他们家供养不起，对女友非常冷淡，还当着女友的面给儿子介绍对象。无奈，两人回到北京后，节衣缩食供了一套房子，只是办理了结婚手续就简单地住在了一起。可10年后，老家的母亲因老伴儿去世执意要来住，来后完全把儿媳排斥在外，妻子咽不下这口气，于是婆媳两个便发生了矛盾。一次争吵后，妻子负气搬到了公司的宿舍去住。一边是母亲的养育之恩，一边是妻子的离婚威胁，魏先生感到心力交瘁。

那么，如何减少婆媳之间的矛盾，让自己不做夹心饼干呢？

1. 差异较大就分开住

两代人之间由于存在代沟，很难沟通，而且由于母亲和妻子是来自两个不同的生活环境，很多问题会出现不一致的情况。例如生活习惯、价值取向都不太一样，如果差异较大，就要尽量分开来住。让性情不好的父母和妻子生活在一起或者是让任性的妻子与较为软弱的公婆生活在一起，都会促成矛盾的产生。很多男人会觉得，和父母一起住是孝顺的表现。其实不然，尽孝的表达方式很多，孝顺也并不代表要求一方一味地迁就和忍耐。与其等到矛盾激化，还不如尽早分开来住。

2. 多分些精力照顾母亲

每一位母亲都为孩子的成长付出了心血，因此，等到母亲年老了，不要因为自己忙，或者是娶妻生子而冷落了母亲。母亲对儿子的要求并不多，可能她们只是想听听儿子的声音，看看儿子是胖了还是瘦了，让儿子听自己唠唠家常，尤其是独居或者是丧偶的老人需要儿子的心理安慰。作为儿子，一定要对母亲多付出些精力。用一句歌词来说就是，"常回家看看"。

3. 从妻子的角度考虑问题

很多男人会觉得妻子在对待自己父母的时候不够好，他们无法接受为什么妻子不能像他一样对待自己的母亲，为什么妻子的感情那么淡薄。其实从妻子的角度来说，婆婆和自己的关系是因为丈夫而建立的，而在妻子没结婚前，她们之间根本就是陌生人。感情要一点点地培养，不是一两天就可以积累的。

而且有的老人很容易受传统观念的影响，认为儿媳就是自家的财产，甚至会对儿媳无端地挑毛病；而妻子也会在婚后不适应，从父母的宝贝女儿、男友的心肝宝贝儿一下子降落到公婆的"小媳妇"，毕竟这种心理落差是很大的，如果这时候丈夫再不加以关心，甚至有"母亲只有一个，老婆却可以换"的想法，那就更会使妻子心理不平衡，加深婆媳之间的矛盾。作为丈夫要多从妻子的立场和角度来考虑问题，不要过分要求妻子对自己的母亲感情如何好、如何真实。尊重生活的真实情况，尽量化解婆媳之间的冲突与矛盾，别让婆媳间产生大的感情冲突和裂痕。随着时间的推移，婆媳交往、相互了解的增多，感情自然会加深，也就不会再是"对头"或"仇人"了。

4. 主动关心自己的岳母

女儿和母亲的感情是儿子和母亲的感情不能比的。"女儿是妈妈的贴心小棉袄",这句话很有道理。真心地对待自己的岳母,不要厚此薄彼。用真情换真心,用真心去尊重、关心妻子的母亲,肯定也会得到妻子给予的相同回报。大多数丈母娘都能和女婿相处融洽,善待岳母不但能赢得妻子对自己母亲的尊重,还能得到一位慈祥的母亲来关怀自己,何乐而不为呢?

对于男人来说,亲情与爱情同样重要,因此你必须随时与父母和妻子进行交流沟通,巧妙地处理好家庭矛盾,只有"后院"安定下来,你才能在事业的舞台上越做越出色。

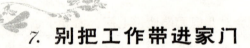

7. 别把工作带进家门

对许多人来说,在工作繁忙时,把部分工作带回家去做是司空见惯的事。然而这实在不是一个好习惯,一天的紧张后,你需要的是放松,而不是持续地受到疲劳的轰炸,而且这样做对你的妻子与儿女也不公平。

不把工作带进家,意味着你不把工作的烦恼带回家,这样可以使家庭生活和谐快乐,也可以让自己的身心彻底放松,反过来会更加有力地推动事业发展。一项调查表明,在当今社会,25%~40%

的人认为工作压力太大，有56％的人的配偶因此跟着倒霉。心理学家认为，压力是一种极具传染性的东西，除非采取措施，否则它不仅会损害健康，还可能会破坏婚姻生活。

配偶存在的某些工作状况的变化，如在工作中职责变化：升迁、降级、责任增大时一般会在心理上给另一方造成深刻影响，加重另一方的压力。而且就大多数时候来说，另一方的处境更不容易，因为她（他）只能在一旁干着急。如果协调不好，夫妻之间终会有对抗的一天，你的另一半也许会更埋怨你没有把家放在首位。

现今社会节奏快，家庭里的每个成员为了给自己的生活多一分保障，都把时间花在进修或工作上，所以与家人相处的时间就减少了。在这种情况下，每个家庭成员更要积极争取与家人相处的时间。你必须认清一点："有没有钱并不能衡量你是不是成功的人，你要量力而为，不能因为别人有大洋房住你也要住。因为洋房里的温暖不是由里面的那些砖块拼成的，而是由家庭成员去共同营造的。"

生活中的确有苦恼，我们也可以向家人诉说，但不能把苦恼全部转移到家人的身上。要知道，家是我们温暖可靠的后方，我们应该用心呵护它。当你工作了一天，打开家门的时候，就应该把工作中的不快乐拒之门外，带一份好心情回家。

不把工作带进家，意味着你可以在家庭的温暖中使自己得到充分的放松，以更昂扬的姿态投入明天的奋斗之中。人生幸福的大部分内容是家的温暖，有一个幸福的家，我们的人生就可以如天上的那轮明月一般圆满而无憾。

一些人在年轻时并不看重家，那时的他们个个怀有凌云壮志，如老师、父母所期望的那样当科学家、作家，如果那时有人觉得下班后和妻子手牵着手去买菜是人生的乐趣，他们必会笑他平庸甚至庸俗。

当岁月的风霜使我们的脸庞布满沧桑，当世事的艰难使步入中年的我们的眼神不再清澈，当人生的坎坷使我们的内心百孔千疮，当我们闯荡世界疲惫归来却依旧背着空空的行囊，我们终于明白了一个再简单不过的道理：要想成就事业的辉煌仅靠聪明与努力远远不够，它需要天时、地利、人和以及命运的垂青。只有极少数人才能获取事业成功，甚至能做一份自己喜爱的工作的人都不是很多，绝大多数人不过是为了谋生而做着一份自己并不喜欢的工作，而我们能拥有的仅仅是身边的这个家。不管相貌的丑或美，不管得意或失意，不管是君子还是小人，生活给我们最大的平等和恩赐是：每个人都拥有一个家，而我们能得到的人生幸福，实际上绝大部分来自我们的家。

家是能让我们得到放松的场所，是让我们休憩的港湾，能免除我们孤独的是家；在喧哗的尘世，能给我们片刻安宁的是家；在纷扰的争斗后，能为我们疗伤的还是家。

是的，有一个幸福的家，我们的人生就有了80%的幸福；有一个幸福的家，工作的烦恼就可以忍受，因为我们的忍气吞声和辛苦劳累都有了价值——要赚钱养家使我们所爱的人丰衣足食；有一个幸福的家，即使是凄风苦雨我们都不再害怕，因为只要奔回家，只要打开家门，就有了温暖和宁静……

心理学家们发现，近年来，中年男人的心理危机越来越多，这些有成就的人对自己往往有着比一般人更高、更完美的要求标准。

同时，他们又处在一种竞争激烈的环境之中，因此他们一旦遇到某种挫折就意味着对自己那种"高标准、严要求"目标的否定。而此时所处的高位使他们难以找到可以倾诉和求援的知心朋友，导致负面情绪难以排解，因而事业上取得成就的中年男人更容易发生心理危机，在工作上、事业上铸成严重错误或给幸福的家庭带来不幸。在这个时候，家庭的放松作用就更加明显地显示出来了。因此，切记不要把工作带进家门。

8. 女人要重视家庭也要重视事业

当女人拥有了自己的家庭和事业之后，她们就常常要面对一个两难的局面：重视事业还是家庭？有些女人形容这种情况是"蜡烛两头燃"，这种说法夸张吗？实则不然。

黄女士是一个在外人看来非常成功的女人，她本人是一个知名的室内设计师，丈夫是北京某集团公司的总经理，夫妻伉俪情深，膝下还有一个7岁的聪明可爱的女儿，然而黄女士说"家家有本难念的经"，她目前正被家庭与事业的选择所困扰着。不久以前，正在与客户谈判的黄女士接到保姆打来的电话：孩子发烧了，让她回家。虽然心急如焚，但她又怎能丢下好不容易争取来的大客户呢?!

第六章　感情是种还不起的债

那晚回家后，一向体贴的丈夫发火了："这个女人啊！就不能让她做事，一做事就连轻重都找不准了！"黄女士哭着说："是我哪儿做错了吗？"

其实，处于现今社会的女性早已经认识到了，要想被这个社会承认就必须要和男人一样拼命地工作、全身心地投入，因为女人知道许多男人一直没把女人放在眼里，虽然他们也时常嘴上喊着尊重女性，因此女人必须用自己的工作成绩证明给男人看，女人在工作上并不比他们差，女人必须和男人一样在社会上为自己争得一席之地，这对肯于付出辛勤劳动的女人来说并不是件难事。女人要用事实证明女人和男人一样可以挣钱养家糊口，女人不能为了一口饭而忍气吞声。然而，绝大多数的女人却要为此承受着巨大的精神压力，女人在实际工作中遇到的阻力和困难要比男人多得多，得到的却要比男人少得多。可以说，很多时候，女人与男人显然处在一个不公平的竞争环境里，现今的许多女性仍然处在这样的选择中。家庭作为生存单位作用于两性职业发展的过程中，成为女性职业发展道路上的温柔陷阱。掉进这个陷阱的女性有的本身非常优秀，但当选择回归家庭时，她们会这样很自豪地安慰自己："我有过成功的事业，我同样也能当主妇，我什么都能干。"但这并不是完美的女人，完美的女人一定能兼顾事业和家庭。

尽管面对如此多的障碍，作为女人还是要坚信"工作也是女人的天职"。即使是在大男子主义依然盛行的今天，女人也应该有自己的工作和相对独立的生活空间，记住：幸福是由自己创造的，而不是别人赐予的。有一个建议是，女人要懂得如何获得家人的理解，让你的丈夫认识到你正在为家中所有人的生活打拼，你的成功是全家人的光荣。当然你也不要忘记家庭是人生的堡垒，只有后顾无忧才能精力充沛地投入工作，所以也不要忽略了你的家庭建设，多给家人一点儿关爱。

9. 学会尊重你的孩子

家长在教育孩子时往往容易过于专制，这可能与父辈对他们的教育方法有关。然而，为了教子成才，你必须放弃粗暴的教育方法，只有尊重孩子才能教出好孩子。

一个 12 岁的孩子在一篇作文中写道：

爸爸，亲爱的爸爸，我满眼噙着泪水对您说："您对我太严厉了。"

那天，马娟娟来找我去锻炼身体，您却把脸一沉："快考试了，还锻炼什么身体？复习功课去！"那时，我多么想向您解释，现在体育不及格也不能毕业呀！再说，光要我整天拼命地复习功课，累出病来不得耽误更多的功课吗？可是，一看爸爸您那副严厉的面孔，我只好把想说的话又咽回肚子里去。回到屋里，我心不在焉地打开课本。其实，我根本看不进去。那时，我多想对您说："爸爸，

我想歇一会儿，我想……"可是，我不敢说，因为您对我太严厉了，我怕……

多么可悲的生活状态。一位父亲专制地对待孩子，不尊重孩子正当的要求，粗暴地干涉，使家庭中缺少友善、平等的气氛，在父子的心灵间垒起了一道厚厚的障壁。

其实，专制教育未必有效果，孩子表面顺从，但极可能阳奉阴违，因为孩子心中根本不服。

孩子是热切的探险者，有太多事情尚待学习。在许多事情上，你和他或许都会有不同的看法，不过，经验会使你发现如何去处理那些争论、激愤、失望和快乐，而你将会觉得这一切都是有代价的。

父母对孩子的尊重，不仅要友善地对待孩子，还要培养孩子在家里可以自由发表意见的习惯。在民主自由气氛浓厚的家庭，孩子可以按照自己的意愿去做事，可以随时抒发他对家庭或家人的感受，包括说出不喜欢父母的话。例如："我讨厌爸爸，他上星期日就不肯起床和我们一起到公园去玩。"

让孩子说出心中的感受，通过或大或小的冲突与对立，使其学会如何面对未来的种种困难与挑战。虽然，有时孩子可能会带给父母或多或少的麻烦，但父母仍应做出最大的忍耐与宽容，听听孩子的解释或理由。如果无法做到，可以向孩子说出原因和困难的所在。假若可以办得到，在可能范围内就需要尊重孩子的意见，接受他的要求。

现今，不少父母喜欢在孩子课余时间里送他们去学习钢琴、绘画、书法、柔道等课程。许多时候，父母只是按照自己的兴趣行事，或有一种自己过去没有机会学到而如今希望在孩子身上获得补偿的心理，并以此作为选择孩子课外教育的准则。

其实，这些课外教育只是父母的意愿，未必是孩子愿意学习的技艺。父母在作决定之前不妨先听听孩子的意见，千万别强迫他们去学习自己没有兴趣的技艺，否则会破坏他们以后学习的信心。

学习哪一种技艺并不重要，重要的是孩子是不是健康、快乐，这是日后他们能否发挥才能的关键。

在托米 11 岁生日的时候，爸爸给他买了一整套珍贵的邮票，希望能够培养他集邮的兴趣。后来，托米在朋友那里发现了一套篮球明星卡，非常眼馋，就用这套邮票换了那套明星卡。后来，爸爸知道了这件事，感到非常生气。首先，他认为这是他送给托米的礼物，他这样轻易地换掉是对他的不尊重；其次，他知道和托米换卡的小孩儿比托米大，应该懂得这套邮票的价值要远远超过那套明星卡的价值，而他却没有告诉托米，因此是占了托米的便宜。当然，最重要的是爸爸认为托米并没有和他商量，就把整套邮票换了出去，因此他决定要教训托米一下。他向托米指出两件东西之间是不等价的，并强迫托米从朋友那里要回那套邮票，并退回了那套篮球明星卡，这使得托米非常窘迫，而且感到自己十分蠢笨，和朋友之间的关系也就此破裂。

在这里，我们应当指出的是，换邮票是托米自己的决定，无论他成熟与否，父亲都应当尊重这个决定。既然邮票已交给托米，他

就应有权利决定如何安排这份礼物，父亲无权横加干涉。的确，托米应该从这个交换中学到一些东西，但是父亲应当从不同角度来处理这件事情，既表现对托米的尊重，也教会他应该学习的知识。理想的做法应是，当托米向爸爸展示他新换来的明星卡时，父亲应该和他一起欣赏，而不应该立刻提出任何异议。过一段时间，在一个适当的机会，爸爸再向托米解释两件东西存在不同的价值，而不用提起托米当时的交换行为。这样托米可以醒悟自己是以大换小上了当，但面子上没有什么过不去。是否去找朋友要回邮票应由托米自己决定，爸爸不再参与。如果照爸爸原来的处理办法，托米会觉得非常羞惭，而且认为自己无能，一切错都在自己身上。事实上，托米怎么会懂得这些东西的价值呢？如果他不懂，又怎么能够随便怪他呢？其实，在父亲教训托米的行为中，夹杂了对自己尊严的重申与维护，这种居高临下的态度是对孩子很不尊重的表现。

尊重孩子，意味着父母将孩子看成一个个体，而孩子作为个体有权利像作成年人一样作出决定。

当然，说他们有权利作出决定，并不等于他们就能够做成人所能做的所有事情，因为他们毕竟没有成年人所具有的经验和知识。

因此，作为父母，不要总让自己高高在上，不把孩子当一回事，你应该放弃过时的教育理念，更多地去尊重孩子、理解孩子。

10. 学会欣赏你的家人

在家庭中，夫妻间的相互欣赏会使他们的爱越来越醇厚，大人对孩子的欣赏会使孩子的人格和个性得到更充分的发展。可是，在现实生活中，有太多的人坦言他们不会欣赏。

生活中，男人们总这样说："你又不挣钱养家，凭什么还对我指手画脚！""看你，真是越来越难看了！"女人们则回敬道："你看人家老公多聪明，你却……"、"你看人家的老公……"，然后两人共同把矛头指向站在地上的丁点儿大的孩子怒吼道："你怎么这样笨！成绩总也上不去！"

这就是互不欣赏、互相指责的舌战的开始，有时候还会毫不留情面地大打出手。你敢说你从来没有手叉腰而气势汹汹地说过这样的话吗？也许你会说我是无心的，可无心之话却的确给你的亲人加上了无比巨大的心理压力，不但由此会产生自卑情绪，随之而来的是无穷无尽的烦恼。当你们觉得对方浑身都是缺陷而一无是处的时候，你的家庭生活就跌入困境中了。而扼杀你婚姻的不是别的，正是你的不满，是你们施给彼此的压力让大家都觉得难以忍受了，所以对待你家庭中的每一位成员，你都要学会真心地欣赏。

不仅对你的伴侣要懂得欣赏、学会欣赏，而且对孩子也一样。

孩子也是家庭的重要成员，在教育这些未来的伟大"人物"时，你要有正确的方法，首先要大声对他说："好样的，干得不错！"

普拉蒂尼是位家喻户晓的传奇性足球运动员，曾在1984年率队夺得欧洲锦标赛冠军，后来又在优胜者杯、超级杯、冠军杯赛和丰田杯赛中获得冠军的殊荣，他连续3年被选为欧洲足球先生，荣获金球奖，被誉为"任意球之王"和足球场上的"拿破仑"。

在普拉蒂尼小时候，尽管他的父母知道在大约两百万持有证书的足球运动员中仅仅只有500人能够进入职业球员的行列，能够以踢足球为生，但是他们仍然消除了种种忧虑，从物质上和精神上支持他。

他的父亲说："我之所以让步，是因为我预感到孩子所做的一切完全有可能获得成功。"

因此，父亲决定让他朝自己喜欢的方向去发展、去努力。

父亲是普拉蒂尼的第一个支持者，母亲则是第二个。父亲凭自己的丰富经验对他的天赋很欣赏，对他的前途看得很准，而母亲自从赞成他从事职业足球后，就用大量的时间和精力坚持不懈地支持他。在长达15年的足球生涯中，母亲没错过普拉蒂尼参加的任何一场重要的比赛，不管赛场设在什么地方、哪个国家，只要普拉蒂尼参加比赛，他的母亲总是出现在看台上。

父母的欣赏与赞扬、支持与鼓励，是普拉蒂尼成才的关键。

欣赏孩子，不是说他打碎了人家的玻璃又将人家孩子打了一顿就断定他有魄力、有勇气；进果园偷了人家的苹果没被人发现就觉得孩子真是聪明；经常搞恶作剧就认定他多么的活泼可爱等。欣赏孩子，首先要从欣赏他的品行开始，让他做一个有道德、有责任心、不畏艰难并乐于助人的人；其次，要欣赏他的天赋并努力去挖掘这种天赋。只有这样，你的孩子才会在你的赞赏声中愉快地成长为栋梁之才。

学会欣赏你的家人吧，记住，只有这样才会让你的家庭驶向宁静祥和的幸福港湾。欣赏家人，你就要做到以下几点：

1. 让家庭成员独立作出选择

无论你的家人是否答应满足你的愿望，都请你让他保留独立作出选择的权利。每个人都是珍视自由的，让他们自己选择就说明你对他们的尊重，对他们是持欣赏和肯定态度的。

2. 相信你的家人

即使你的请求遭到拒绝，你的命令遭到反抗，也请你相信他这样做一定有他的理由，并不只是想激怒你。给对方一个解释的理由，让他了解你的真实想法后或许会对你刮目相看、大加赞赏的。

3. 永远不要抱怨，不要发牢骚

牢骚和抱怨实际上意味着你的愤怒和不满，意味着你不欣赏他。也许在很偶然的情况下，你的埋怨确实会起到作用，但让对方勉强答应你的请求，这样做的代价会很高；对方虽然很不情愿地满足了你的愿望，但他的内心却很不满，而且会让他感到有一种你企图控制他的沉重压力，觉得你们的地位已经开始不平等了。

4. 无论何时都要记得表达你的感谢

当你的请求得到对方同意时，当你接受了对方的帮助时，你必须表达自己的喜悦和感激，包括对你的孩子。在达成愿望后表现得

越热情、越感激，在以后的生活中，你的爱人就会越积极地去迎合你、满足你，你的孩子就越依赖你和尊重你。

5. 关心你的家人

关心是欣赏的基础，也许你已经太习惯于爱人的存在了，就好像后院的那棵枯死的玫瑰一样。你不再关心它，它就会凋谢、枯萎，就更不用说还有什么值得欣赏的美了。

6. 找一个让自己看上去生机勃勃的方法

让自己读夜校或是硕士课程，永远让自己的另一半对你的成绩感到有所骄傲，对你日益焕发的容颜有所赞赏，也让你的孩子对你更加喜爱和钦佩。

学会真心地欣赏你的家人吧，要知道，他们在外边工作、上学，要应付各种各样的压力，身心已经很累了，回到家中，只想见到以他们为骄傲的丈夫、妻子、孩子，只想躲在真正欣赏他、支持他、鼓励他的家人的怀抱，只想享受家的温暖，因此，千万别再让自己的眼睛蒙蔽了真相，别再给那些最爱你的人们任何的心理压力了，在这个高压罐似的社会里，或许他们已经经受不起了。学会欣赏你的家人，你的家庭就会更加和睦及安宁。

11. 多留一点儿时间给家人

我们常常匆忙地走到路的尽头，才发现自己忽略了一路的风景。生活的重负、工作的压力似乎剥夺了我们享受生活的权利。慢慢地，你开始变得烦躁、疲倦、郁郁寡欢，而你的家人——那些最在乎你、关心你、爱你的人，也因你的忙碌而生活在期盼、等待之中。

古希腊哲学家德谟克里特说：心灵应习惯于在自身中汲取快乐。每天早1小时回家，和家人共享天伦之乐吧，这1小时将价值几何？

有一位著名的电影演员由于每天忙着拍戏，很少能够和自己的儿子在一起。突然有一天，他心血来潮，决定去接念小学的儿子回家，希望这个惊喜能让儿子体会到父亲的爱，但是他在校门口左等右等就是看不到儿子的身影，纳闷儿地回到家后，家人才告诉这个很少回家的世界巨星，儿子已经念国中了。

这看似个笑话，你觉得不会发生在自己身上，但是不妨问问自己几个问题："你有多久时间没有专心陪孩子玩了？""你知道孩子现在每天脑子里在想什么事情吗？""你知道孩子的班级、孩子最好的朋友是谁？""孩子的兴趣是什么？""你有多久没有与家人共进晚餐了？"如果

第六章 感情是种还不起的债

203

你能够脱口而出回答这些问题，那么你一定与家人的关系很亲近。但忙于工作的你，真的能够回答好这些看起来简单的问题吗？

有对老夫妻结婚40多年了，结婚前，妻子本来打算到国外留学，可是最后为了爱而留了下来，先生为了弥补太太，就允诺太太："以后有一天，我一定会带你环游世界！"随着孩子诞生，生活的开销越来越大，环游世界变成了一个遥远的梦想，先生总是安慰太太："等孩子再大些，等钱再赚得多一些……"孩子终于成家立业，不用父母再烦心了，父母多年的省吃俭用终于苦尽甘来，然而先生的工作更重要了，每天忙碌到很晚才能回家，平常两人连见面说话的时间都很少，更不用谈有很长的假期可以出国了。太太仍是无怨无悔地守候，先生只能很抱歉地说："等我退休，我就有时间了，到时候要去世界哪里都行。"终于等到退休了，但是一次脑中风却让太太深度昏迷，每天只能用深邃的双眼呆呆地看着天花板，偶尔还会落下泪来，而身边孤独的先生对着妻子不断重复地说："老伴儿，你要赶快醒来啊！我要带你去日本看雪山，去伦敦看教堂，去阿拉斯加看冰河……"

不要让"来不及"成为一生的遗憾，工作只是人生中的一部分，而只有家庭当你出生时就存在，一直到你去世时，它一样给你依靠，因此多花些时间陪伴家人吧。

如果你爱你的家人却没有时间陪伴他们，那么你爱的是你自己，而不是你的家人。每天早些回家，花些时间专心地陪伴家人吧。

第七章
放下固执才会天地宽

　　我们都知道坚持到底的道理，但我们坚持的必须是正确的道路，必须是自己真正喜欢的东西。在一条错误的道路上所谓的"坚持"，不过是固执而已，最后只能南辕北辙，离自己的目标越来越远。人生不止一条路，条条大路通罗马，当你发现自己真正所求的东西时，放下自己的固执，谁说半途而废就一定不会走向成功？

1. 突破你的 "心态瓶颈"

固执的心态可以直接影响你的思维方式，它会让你变成"一根筋"。因此，我们一定要突破这个心态瓶颈，从容地走向成功。

生物学家曾做过一个有趣的实验，他们把鲮鱼和鲦鱼放进同一个玻璃器皿中，然后用玻璃板把它们隔开。开始时，鲮鱼兴奋地朝鲦鱼进攻，渴望能吃到自己最喜欢的美味，可每一次它都碰在了玻璃板上，不仅没吃到鲦鱼，还把自己碰得晕头转向。

连续碰了十几次壁后，鲮鱼沮丧了。当生物学家轻轻地将玻璃板抽去后，鲮鱼对近在眼前唾手可得的鲦鱼已经视若无睹了，即便那肥美的鲦鱼一次次地擦着它的唇鳃不慌不忙地游过，即便鲦鱼的尾巴一次次拂扫了它饥饿而敏捷的身体，碰了壁的鲮鱼却再也没有进攻的欲望和信心了。

为什么会出现这种情况？这是每一个人需要思考的问题。思维一旦成为定式，它就会像一个瓶颈一样制约着你的行动。人的心态同样会有"瓶颈效应"，如果放弃你心中固执的一面，你就可以看到比"瓶颈"更宽的地方。

我们现在用的圆珠笔在当初被发明时，发明者用了一根很长的管子来装油，但他发现管子里的油还没有用完，笔头就先坏了。他做了很多次实验，不是换笔头的材料就是换笔头的珠子，结果还是会出现笔头已经坏了油还剩下很多的情况。这个"瓶颈"他一直没能突破，一天朋友去找他，他把问题告诉了朋友，朋友一语道破天机："既然你没办法解决笔头的问题，不妨试试把笔管剪短一点儿，这样问题就解决了。"他高兴地说："我为什么一直都没想到呢？"是啊，你固执地认为只有一个方向可以走通，一直坚持下去，结果只会让自己徒劳。突破心理的瓶颈，视野才会开阔。

朋友们都认为，吉米总是缺乏自己做老板的勇气。对他而言，公司的工作更安全，更可以为他的妻子和家庭提供必要的保障。但是后来经济萧条了，他的工作确实不像原来那样是个永恒的港湾，他不由得惊醒了。

一时间，一种无休止的恐惧闯进他的生活。如果公司开始裁员怎么办？如果他苦心经营了多年的地区市场萎缩了怎么办？随着萧条的加剧，恐惧感不断地膨胀着。无数个夜晚，他无法入睡，彻夜担忧家庭的财政前景。终于，这种坐以待毙的恐惧膨胀得令他再也无法忍受。

其实出路只有一条：采取行动，慢慢建立起自己的企业。下班之后，他开始经营二手医疗设备。应该说，作为一名国际知名医疗设备制造公司的推销员，他所接受过的培训足以使他很快发展

第七章 放下固执才会天地宽

起来。

由于不像大贸易公司那样要支出很多管理费用，吉米从一开始就组织了一个有赢利能力的小机构。6个月之内，他创建了区域性公司，辞掉了自己原有的工作，他终于成为自己的财务大臣了。

现在，吉米再也不会有那种依赖每月拿工资的感觉了，他再也不用为他的工作担心，因为他再也没工作了，他现在有了自己的公司。

吉米成功地拥有了自己想要的东西，他再也不用去担心工作的危机给自己造成的心理负担，这是他突破"心态瓶颈"的成果。现在，许多失业者都无法突破这个瓶颈，而许多面临失业的人更是在想方设法地保全自己的工作。他们固执地认为，这份工作可以给他们带来安全感，于是死死地抓在手里，唯恐丢了就再也找不回来了。他们宁可在一棵树上吊死，也不愿另求他路，这是人性的悲哀。

心的力量可以超越一切困难，可以粉碎障碍达成期望，但需要你突破瓶颈，不再固执地坚守错误的方向。

2. 不要走进固执的死胡同

做人做事既是一门艺术，也是一门学问。无论在生活还是工作中，做人做事既要尊重客观事实，也要具体问题具体分析。在处理人际关系和解决问题时要学会变通，该坚持的原则我们一定不能放弃，该灵活时一定要学会变通。现实中，有些人之所以一辈子碌碌无为，时常生活在烦恼和痛苦中，就是过于固执和愚蠢而一事无成，有的甚至连自己的前程和生命也被断送了。所以，明白做人做事的道理是至关重要的。

两个贫苦的农夫靠耕种土地为生。有一天，他们在回家的路上发现两大包棉花，两人喜出望外，心想现在的季节没什么收获，如果将这两包棉花卖掉足可让家人一个月衣食无虑，于是当下两人各自背了一包棉花，便赶路回家。

走着走着，其中一名农夫眼尖，看到山路有着一大捆布，走近细看，竟是上等的蚕丝，足足有 10 匹多。欣喜之余，他和同伴商量，一同放下肩负的棉花，改背蚕丝回家。

但是另一个农夫却有不同的想法，认为自己背着棉花已走了一大段路，到了这里又丢下棉花，那自己先前的辛苦岂不白白浪费

第七章 放下固执才会天地宽

209

了？想到这里，他坚持不愿换蚕丝。先前发现蚕丝的农夫见屡劝同伴不听，只得自己竭尽所能地背起蚕丝，继续前行。

又走了一段路后，背蚕丝的农夫望见林中闪闪发光，上前一看，地上竟然散落着数坛黄金，心想这下真的发财了，便赶忙邀同伴放下肩头的棉花，把黄金平均分开背回家。

他的同伴仍是那套不愿丢下棉花以免枉费辛苦的想法，并且怀疑那些黄金不是真的，劝他不要白费力气，免得到头来空欢喜一场。

无奈之下，发现黄金的农夫只好自己背了两坛黄金，与背棉花的伙伴赶路回家。走到山下时，突然下起了一场大雨，两个人毫无防备，结果在空旷处被淋了个透。更不幸的是，背棉花的农夫肩上的大包棉花吸饱了雨水，重得完全背不动。这时候，他只能丢下一路辛苦舍不得放弃的棉花，空着手和挑金的同伴回了家。

人们面对机会常会有许多不同的选择方式，有的人会单纯地接受，并加以利用；有的人则抱持怀疑的态度，站在一旁观望；有的人则"一根筋"，不相信上天会给自己这样好的机会，因此拒绝送上门的机会。许多成功的契机，起初未必能让每个人都看得到其深藏的潜力，这就需要当事者的眼光了，起初选择的正确与否往往就决定着成功与失败的分野。

生活中，成功者与失败者的根本区别在于主观意识对客观事物的判断和把握，在于对自身的优势和局限有无清醒的认识、有无正确办事的原则和灵活方法、有无良好而健康的心态、有无具体问题具体分析的能力。

因此，我们在生活中要善于学习，善于汲取经验教训。既要坚持原则也要学会变通，既要踏实认真也要学会灵活。有的人不顾客观事实，明明这样做不合适，他还要硬拗；有的人不顾别人的愿望和要求，凡是都要按照自己的主观愿望而要求别人。这样的人时常怨天尤人，到头来既没有成就什么事业也没有可信赖的朋友，一生碌碌无为、闷闷不乐。

所以，在生活中不能太固执、太死板、太自私，否则就会走上绝路。做到能屈能伸、可方可圆，该坚持时就坚持、该放弃时就放弃。只有这样才能在机遇面前学会权衡利害、把握轻重、避害就利，避免错失千载难逢的好机会。

3 适时地 "隐退" 能让生活更精彩

人们习惯于对爬上高山之巅的人顶礼膜拜，实际上，能够及时主动从光环中隐退的下山者也是"英雄"。

有多少人把"隐退"当成"失败"，曾经有过非常多的例子显示，对于那些惯于享受欢呼与掌声的人而言，一旦从高空中跌落下来，就像是艺人失掉了舞台，将军失掉了战场，往往因为一时难以适应而自陷于绝望的谷底。

心理专家分析，一个人若是能在适当的时间选择做短暂的隐退

（不论是自愿还是被迫），都是一个很好的转机，因为它能让你留出时间观察和思考，使你在独处的时候找到自己内在的真正世界。

唯有离开自己当主角的舞台，才能防止自我膨胀。虽然失去掌声令人惋惜，但往好的一面看，心理专家认为，"隐退"就是在进行深层次的学习，一方面能挖掘自己的潜能，另一方面能重新上发条，平衡日后的生活。当你志得意满的时候，是很难想象没有掌声的日子的。但如果你要一辈子获得持久的掌声，就要懂得享受"隐退"。

据说，在日本，很多中高龄男子因为忍受不了退休后无事可做，结果纷纷走上了自杀一途，成为日本自杀率最高的人群。

事实上，"隐退"很可能只是转移阵地，或者是为下一场战役储备新的能量。但是很多人认不清这点，反而一直缅怀着过去的光荣，他们始终难以忘记"我曾经如何如何"，不甘于从此做个默默无闻的小人物。

作家费奥里娜说过一段令人印象深刻的话："在其位的时候，总觉得什么都不能舍，一旦真的舍了之后，又发现好像什么都可以舍。"曾经做过杂志主编、翻译出版过许多知名畅销书的费奥里娜，在40岁事业巅峰的时候退下来，选择当个自由人，重新思考人生的出路。

费奥里娜带着两个子女悠然隐居在新西兰的乡间，充分享受山野田园之乐。因为要适应新的环境，她才猛然发现人生其实有很多其他的可能，后退一步才能使自己从执迷不悟中解放出来。

40岁那年，麦利文从创意总监被提升为总经理。3年后，他自动"开除"自己，舍弃堂堂"总经理"的头衔，改任没有实权的顾问。

正值人生巅峰的阶段，麦利文却急流勇退，他的说法是："我不是退休，而是转进。"

"总经理"3个字对多数人而言代表着财富、地位，是事业身份的表征。然而短短3年的总经理生涯令麦利文感触颇深的却是诸多的"无可奈何"与"不得不为"。

他全面地打量自己，他的工作确实让他过得很光鲜，周围想巴结他的人更是不在少数。然而，除了让他每天疲于奔命、穷于应付之外，他其实活得并不开心。这个想法促成他决定辞职。"人要回到原点，才能更轻松自在。"他说。

辞职以后，他将司机、车子一并还给公司，将应酬也减到最少。不当总经理的麦利文感觉时间突然多了起来，他把大部分的精力拿来写作，抒发自己在广告领域多年的观察与心得。

"我很想试试看，人生是不是还有别的路可走。"他笃定地说。

人生的机遇不同，有人是"高开低走"、少年得志，结果却晚景凄凉；有人则是"低开高走"，原先不怎么顺畅，到了中年以后才开始发迹。

第七章　放下固执才会天地宽

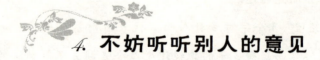

4. 不妨听听别人的意见

　　大多数成年人都有这样的经历：年少时，对父母的千叮咛万嘱咐厌烦至极，觉得他们老套、死板甚至可笑，长大后才慢慢体味到那些唠叨都是父母几十年生活智慧的结晶。人总是本能地以自我为中心，固执地不把别人的智慧当回事。

　　古代的日本在武田信玄未死之前，武田氏的力量是当时各诸侯国所敬畏的，可是传到武田胜赖时逐渐没落，因为他独自对抗织田信长和德川家康的联军，在长筱会战中全军覆灭，不久，武田氏就被消灭了。

　　战前，那一批信玄时代遗留下来的老部将都纷纷劝胜赖："这次战争，从各方面来看，我方都屈居劣势，应该固守城池，千万不可参与会战。"

　　可是胜赖不但不听信部属的忠言，反而对着武田家的传家宝物——一面白旗和无盾的铠甲发誓一定要参战的决心，因为那两样传家宝物代表着武田氏至高无上的权威，所以当胜赖表示决心后，大家都不敢再反对了。

　　长筱一役，军心不振的武田军惨遭败北，各军的将领几乎战死。胜赖虽然逃脱，但武田氏的实力已经完全被消灭了，所以不久整个武田家族就被德川家康吞并了。

根据历史记载，武田胜赖是一位比他的父亲信玄更勇敢善战的将领，一生中打过好几场有名的胜仗，但最后竟然遭到了这么悲惨的下场，完全是因为他太固执己见、不肯采纳部下忠言所造成的。虽然从另一方面说，胜利者织田信长也曾固执己见且有过打败仗的前例，但两人坚持己见的出发点却有着很大的不同。

信长面对今川义元不断的挑战与侮辱，最后决心以求战而雪耻，他的心理是被动的、哀兵的，所以得到大胜。至于胜赖，则是在和平状况下主动向别人挑起战端，所以两方面在意识上都对他怀着不满，在得不到情感支持的情况下，当然只有失败了。对信长来说，是因为臣下没有看见有利的一面，所以盲目反对，他独排众议而得胜。对胜赖来说，臣下已经看出不利的一面，提出反对，他却坚持固执己见，导致了败亡。

织田信长虽然在和今川义元会战时采取独断专行的作风，但在他成功的过程中并非经常如此；相反，他经常听取老臣如丰臣秀吉等人的建议，所以才能逐渐壮大，成为日本战国时期有名的领袖人物。

当然，对于常人来说，并不总是面对胜败存亡的生死抉择。但事实上我们每天都在作着抉择，这些抉择都在一定程度上影响着我们一生的命运。善于借用别人的智慧，可以拨开蒙在自己眼前的迷雾，让自己看得更远。

借用别人智慧的同时，意味着放弃自己原来的想法，这种放弃本身不正是一种更大的智慧吗？

5. 换个角度看半途而废

　　人们无一例外地被教导过，做事情要有恒心和毅力。比如"只要努力、再努力，就可以达到目的。"如果按照这样的准则做事，你会不断地遇到挫折而产生负疚感。由于受"不惜代价，坚持到底"这一教条的影响，那些中途放弃的人常常被认为"半途而废"，令周围的人失望。

　　正是因为这个害人的教条使人们即使有捷径也不去走，而是舍简就繁，并以此为美德，加以宣扬。曾经参与美国总统竞选的巴布·杜尔在离开参议院时说："我会不辞辛劳地去竞选，我曾经不畏艰辛地做好任何一件事，这种方式对我十分有益。"我们并不否认杜尔对美国的贡献和个人取得的成就，但很可能正是由于他不辞辛劳的做事方式，使他日渐苍老、疲惫和心力交瘁。

　　人们应该调整思维，尽可能用简便的方式实现目标。如果你在与别人做同一件事情的时候，可以躺在树阴下的吊床里喝着柠檬汽水、打着手机，轻松自如地完成工作；而其他人则要急匆匆地赶公交车，拿着塞得满满的公文包走在繁忙的街头，在接待室里耐心地等待……两者相比，你当然应该得到更多的喝彩。

216

一个推销员在每一次与客户洽谈业务的时候都力图操纵局面，所以客户能给他的答案只有"再说吧"。而他办公桌上的档案也大多都是"容后再议"。他日复一日地与这些客户满怀希望地联络却毫无所获，仍以此为荣。

他的这种坚韧不拔的精神没有实用价值，而收入丰厚的推销员只是尽快行动，要求客户给出明确的"是"或"不是"的答案，这样他们就不必在已接触的客户身上再花费时间和精力而及时投入下一个客户的业务上去。不论你把推销工作者多么复杂，它首先是一个数字游戏。你能很快了解谁对你说"不"，你就能听到更多次的"是"。

那位勤奋却自毁前程的推销员认为，只要他能坚持不懈地与这些客户一而再、再而三地联络，凭着他的执著，他的客户一定会与他达成交易。他认为自己的毅力一定会瓦解客户的拒绝，事实却不尽如人意。

《思考致富》一书的作者拿破仑·希尔曾经在爱迪生的实验室中访问他。爱迪生做了 1 万多次实验才发明了电灯，希尔问他："如果第 1 万次实验失败了，你会怎么办？"

爱迪生回答："我就不会在这儿与你谈话了，此刻我会把自己锁在实验室中，做第一万零一次实验。"

这个小故事被大多数谈到"进取"的演说家用作坚韧不拔的典型例证。他们会说："每次你打开电灯的时候，都可以感受到爱迪生是一个毅力非凡的人。"这是无稽之谈，我们应该感受到的是：爱迪生是用科学的方法进行发明创造的科学家。

希尔没有表达出来的，也许他认为人们可以自己领悟出来的是：爱迪生不是把同一个实验做了1万次，他做了1万个不同的实验，也就是做了1万次假设，而且发现不对就马上放弃。他做了1万次的半途而废。

汤姆是一个新证券经纪人。和所有新手一样，主管给他一个电话号码簿和一部电话，让他开始工作。如果他想干得好，就要尽可能多打电话。如果他有超人的毅力，每天打上几百个电话，忍受不断的拒绝，再排除大量障碍寻找到新的客户。在前几个月里入不敷出，只好忍饥挨饿，一直这样下去，汤姆会逐渐地把与他一起开始工作的其他经纪人甩在后面，汤姆开始受到上级的重视，最后成为管理层中的一员。但是他还要在这种广种薄收的销售环境中顽强地苦干，以证明自己的价值。

我们不妨来为汤姆设计一个小型的经营系统，通过廉价的报纸广告和推销信向客户发送信息，这样汤姆就不需要再拨打毫无生气的电话了。他只与那些看到自己发布的信息后，给他打电话的人谈生意即可。这些人因为看了广告才来交谈，所以极有可能达成交易。这样汤姆的交易量提高了，又不会像从前那样忙得不可开交。汤姆会因为用了这样的简便方式而否定了他的能力吗？

在大多数人眼中，尤其是嫉妒他，同时又不清楚事实的主管会因此认为汤姆工作消极、不努力吗？无疑他会有机会获得更大的成功，这就是"半途而废"的威力。

6. 不能改变既定事实，
就要改变你的态度

我们不能改变既定事实，但可以改变面对事实，尤其是坏事的态度。

有些人仅仅因为打翻了一杯牛奶或轮胎漏气就神情沮丧，失去控制。这不值得，甚至有些愚蠢。这种事不是天天在我们身边发生吗？下面是一个美国旅行者在苏格兰北部过节的故事。

这个旅行者问一位坐在墙角的老人："明天天气怎么样？"老人看也没看天空就回答说："是我喜欢的天气。"旅行者又问："会出太阳吗？""我不知道。"他回答道。"那么，会下雨吗？""我不想知道。"这时旅行者已经完全被搞糊涂了。"好吧，"他说，"如果是你喜欢的那种天气的话，那会是什么天气呢？"老人看着美国人，说："很久以前我就知道我没法控制天气了，所以不管天气怎样，我都会喜欢。"

由此可见，别为你无法控制的事情烦恼，你有能力决定自己对事情的态度。如果你不控制它们，它们就会控制你。

所以，别把牛奶洒了当做生死大事来对待，也别为一只瘪了的轮胎苦恼万分。即然已经发生了，就当它们是你的挫折。但它们只是小挫折，每个人都会遇到，你对待它的态度才是重要的。不管此时你想取得什么样的成绩，不管是创建公司还是为好友准备一顿简单的晚餐，事情都有可能会弄砸。如果面包放错了位置，如果你失去一次升职的机会，预先把它们考虑在内吧。否则的话，它会毁了你取胜的信心。

当你遭遇了挫折，就当是付了一次学费好了。

1985 年，17 岁的鲍里斯·贝克作为非种子选手赢得了温布尔登网球公开赛冠军，震惊了世界。一年以后他卷土重来，成功卫冕。又过了一年，在一场室外比赛中，19 岁的他在第二轮输给了名不见经传的对手而出局。在后来的新闻发布会上，人们问他有何感受，他在以那个年龄少有的机智答道："你们看，没人死去，我只不过输了一场网球赛而已。"

贝克的看法是正确的，这只不过是场比赛。当然，这是温布尔登网球公开赛。当然，奖金很丰厚，但这不是生死攸关的事。

如果你发生了不幸的事，爱情受阻或生意不好，或者是银行突然要你还贷款，你就能够，如果你愿意的话，用这个经验来应付它们。你可以把它们记在心里，就好像带着一件没用的行李。但如果你真要保留这些不快的回忆，记住它们带给你的痛苦情绪，并让它们影响你的自我意识的话，你就会阻碍自己的发展。选择权在你自己：只把坏事当做经验教训把它抛在脑后吧。换句话说，丢掉让自己情绪变坏的包袱。

一个人行事的成功与否，除了受思想、意志支配外，还有一个不可忽视的力量——天命。

曾经说过"五十而知天命"这句话的孔子，周游列国到"匡"这个地方时，有人误认他是鲁国的权臣而把他围困起来，想设计陷害他。那时孔子的学生都非常恐慌，倒是孔子泰然地安慰他们说："我继承了古代圣贤的大道，传播给世人，这是遵奉上天的旨意。假使上天无意毁灭这个文化，那么匡人对我也就无可奈何了，你们大家不必为这件事情担心。"后来匡人终于弄清楚孔子不是权臣，而使孔子渡过危难。

所以，当自己已经尽力，但因为个人无法控制的所谓"天命"而使事情变糟时，恐慌、着急、悔恨都无济于事，何不像孔子那样坦然面对：清除看似天经地义的坏心情，营造自己的轻松心态。

第七章 放下固执才会天地宽

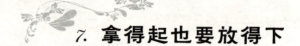

7. 拿得起也要放得下

拿得起是勇气，放得下是肚量；拿得起是可贵，放得下是超脱。对鲜花掌声能等闲视之，对挫折、灾难能坦然承受。"人生最大的敬佩是拿得起，生命最大的安慰是放得下。"当迷雾消失、尘埃落定的那一刻，你会发现这一切原本只是由于自己放不下。

佛陀在世时，有一位名叫黑指的婆罗门来到佛前，他两只手各拿了一个花瓶，前来献佛。

佛陀对黑指婆罗门说："放下！"

黑指婆罗门于是把他左手拿的那只花瓶放下。

佛陀又说："放下！"

黑指婆罗门又把他右手拿的那只花瓶放下。

然而，佛陀还是对他说："放下！"

这时黑指婆罗门说："我已经两手空空，没有什么可以再放下的了，请问现在你还要我放下什么？"

佛陀说："我并没有叫你放下你的花瓶，我要你放下的是你的六根、六尘和六识。当你把这些通通放下，你将从生死桎梏中解脱出来。"

黑指婆罗门这才了解了佛陀所说的"放下"的道理。

"放下"是非常不容易做到的，我们有了功名，就对功名放不下；有了金钱，就对金钱放不下；有了爱情，就对爱情放不下；有了事业，就对事业放不下。

我们肩上的重担、心上的压力，比手上的花瓶更重吗？这些重担与压力可以使人生活得非常艰苦。必要的时候，佛陀指示的"放下"不失为一条幸福的解脱之道。

我们常说："拿得起，放得下。"其实，所谓"拿得起"，指的是人在踌躇满志时的心态，而"放得下"则是指人在遭受挫折或者遇到困难时应采取的态度。范仲淹说"不以物喜，不以己悲"，有了这样一种心境，就能对大悲大喜、厚名重利看得很小、很轻，自然也就容易"放得下"了。

有一个名叫秦裕的奥运会柔道金牌得主在连续获得203场胜利之后却突然宣布退役，而那时他才28岁，因此引起了很多人的猜测，以为他出了什么问题。其实不然，秦裕是明智的，因为他感觉到自己运动的巅峰状态已经过去，而以往那种求胜的意志也迅速减退，这才主动宣布撤退，去当了一名教练。应该说，秦裕作出这样的选择虽然有所失，甚至有些无奈，然而从长远来看也是一种如释重负、坦然平和的选择，比起那种硬充好汉者来说，他是英雄，因为他消失在人生最高处的亮点上，给世人留下了一个微笑。

一个职务、一种头衔，自然代表着一个人在社会上所取得的成

第七章 放下固执才会天地宽

就和地位，它们的意义是不言而喻的，但是凡事都有一个度。适可而止，于是心定，定而后能静，静而后能安，安排既定，自能应付自如，就不会既忙且乱了。在生活中，很多时候，懂得放下才能收获更多。

成功并不总是青睐于那些死守着一个真理的执著者，还格外偏爱那些懂得适时放弃的聪明人。要想达到自己的目标，我们固然要"拿得起"，但与此同时，当我们发现"此路不通"时，也要学会及时地放下。片面地偏向任何一个点，生命的天平就有可能发生难以控制的偏斜，到时再来补救就来不及了。

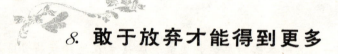

8. 敢于放弃才能得到更多

人的精力有限，不可能方方面面都顾及到，即使是十分精彩或万分想得到的东西也不能死抓住不放。华裔科学家、诺贝尔奖获得者杨振宁和崔琦的成功，也是因为他们勇于放弃。

杨振宁于1943年赴美留学，受"物理学的本质是一门实验科学，没有科学实验就没有科学理论"观念的影响，他立志写一篇实验物理论文。于是，由费米教授安排，他跟随有"美国氢弹之父"之誉的泰勒博士做理论研究，并成为艾里逊教授的6名研究生之一。

　　在泰勒博士的关怀下，经过激烈的思想交锋，杨振宁放弃了写实验物理论文的打算，毅然把主攻方向调整到理论物理研究上，从而踏上了物理界一代杰出理论大师之路。

　　1998年的诺贝尔奖得主崔琦，在别人眼中是个"怪人"，远离政治，从不抛头露面，整日浸泡在书本中和实验室内，甚至在诺贝尔奖桂冠加冕的当天，他还如往常一样到实验室工作。更令人难以置信的是，在美国高科技研究的前沿领域，崔琦居然是一个地地道道的"电脑盲"。他研究中的仪器设计、图表制作，全靠他一笔一画完成。如果要发电子邮件，就请秘书代劳。他的理论是：这个世界变化太快了，我没有时间赶上。放弃了世人眼里炫目的东西，为他赢得了大量的宝贵时间，也为他赢得了至高无上的荣誉。

　　人的一生很短暂，精力有限，不可能方方面面都顾及到，而世界上又有那么多炫目的精彩，这时候放弃就成了一种大智慧。只要能得到你想要得到的，放弃一些不必要的"精彩"，你并不会损失什么，而在放弃的背后也正意味着得到更多。

　　从前有个孩子，把手伸到一只装满糖果的瓶里，他用尽所能抓了一把糖果，当他想把手收回时，手却被瓶口卡住了。他既不愿放弃糖果，又不能把手拿出来，不禁伤心地哭了。这时一个旁人告诉他："只拿一半，让你的拳头小些，那么你的手就可以很容易地拿出来了。"

第七章　放下固执才会天地宽

贪婪是大多数人的毛病，有时候抓住自己想要的东西不放，就会为自己带来压力、痛苦、焦虑和不安。往往什么都不愿放弃的人，结果却什么也没有得到。

多数人对放弃的理解是丢弃，并且是懦弱的表现，那它怎么会是智慧呢？尽管你的精力过人、志向远大，但时间不容许你在一定时间内同时完成许多事情，正所谓"心有余而力不足"。这就像把眼前的一大堆食物塞进嘴里，塞得太满，不仅肠胃消化不了，连嘴巴也冒着被撑破的危险，所以在众多的目标中，必须依据现实，有所放弃、有所选择。这样我们才能选出适合自己的食品，然后慢慢咀嚼、细细品味，直到完全吸收，才会有更充沛的精力。

不是吗？如果在放弃之后，烦乱的思绪梳理得更加分明，模糊的目标变得更加清晰，摇摆的心铸就得更加坚定，那么放弃又有什么不好呢？要保持一个清醒的头脑，不要像那个为了拿到更多糖果而哭泣的孩子一样，因为毕竟我们已经不再是小孩了。

放弃是一种睿智，是一种豁达，它不盲目、不狭隘。放弃，对心境是一种宽松，对心灵是一种滋润，它驱散了乌云，清扫了心房。

有时候，正是在放弃之后才会发现，原来死死抓住不放的东西并不那么精彩，也并不那么重要。

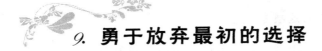

9. 勇于放弃最初的选择

我们一开始所进入的行业、所从事的工作往往是一种被动的选择，但是有多少人一方面感叹"我不喜欢这个工作"，"再这样下去我的专业都荒废了"；另一方面却在"待遇不错"、"工作还算轻松"、"某领导对我很器重"的自我麻醉下沉寂下来，于是他们沿着一个内心深处并不希望的方向固执而又心安理得地走下去。若干年后，当他们一时清醒时会不自禁地说："要是我当初一刀斩断，跳出来重新选择多好。"

杰克和托蒂正是在"当初"就作出了正确的选择。

"刮别人胡子之前，先刮自己的。"这正是几年前杰克拍过的广告的广告词，杰克也因此踏进了演艺圈，很多人上门找他拍戏，一时间，他的演艺前途颇被看好。不过，杰克并没有久留，前后大约只维持了两年光景，就毅然脱离了演艺生涯。

杰克发现，演艺事业并不适合自己，一心想找出未来的方向。

杰克常常是在天黑之后一个人跑到海边钓鱼、发呆。有一天，他独坐在海边，远远地望着对岸市区内的灯火，心里突然有一个声音出现："我这是在干什么？难道一辈子老死在这里，无所事事？

不如去开餐厅吧。"

于是，杰克立即在脑海中搜索从小到大，自己最喜欢的事是什么。"吃"是杰克认为最有意义的事，他一向是家里的烹调高手，没事的时候他可以一整天待在厨房里"研发"，"我为什么不好好发挥自己的这项专长呢？"

因此，杰克紧锣密鼓地展开了他的创业大计。他一面找人筹募资金，一面到大学选读会计、行销的课程。不久，他的概念式泰国餐厅开张了。杰克负责的工作从洗碗、配菜、打杂到掌厨，几乎全套包办，一旦忙起来，每天工作十几个小时，下班回家后还抱着食谱继续研究，不到深夜不罢休。

看他这么投入，朋友忍不住问他："你干吗做得那么辛苦？"杰克回答："因为我找到了我的最爱。"在他来看，做菜不仅是一门艺术，也等于是在实验室里做实验，只要放入各种元素，就能产生千变万化的结果，乐趣实在太大了！他笃定地说："我已经打算把'吃'当成一辈子的事业了。"

就像许多刚走出校门的年轻人一样，杰克也曾经彷徨过、摸索过。然而，他决定从自己的"最爱"出发，他很庆幸自己在30岁以前终于找到了正确的方向。

有这样一句话：人最可悲的就是穷其一生只能作一种选择，万一选错了，又得从头再来，但又发现时不我待。所以当你还有时间再作选择时，就要当机立断。

譬如，要不要换工作？要不要辞职？要不要结婚？要不要生小孩？要不要出国？要不要创业？要不要买房子？要不要……生活里每天都充满了各式各样的选择题要你作决定。

于是你自问："要怎么选择才不会后悔?"这个问题有标准答案吗?

也许你认为,天下最难的事莫过于把梦想转为现实。不过,在你的周围,确实有很多"美梦成真"的故事在不断发生。这些人成功的原因是:他们努力发掘所爱,不随波逐流、不人云亦云,他们永远都在做自己喜欢的事。

著名的华德·迪士尼先生说过:"一个人除非做自己喜欢的事,否则很难有所成就。"以工作而言,如果你认为工作的目的只是为了获取薪水,只是为了换取生活的粮票,那你这辈子恐怕就很难有所作为了。

换句话说,你是以"赚钱"作为选择工作的依据,完全置自己的兴趣于不顾,那么你已经踏出了错误的第一步。

工作与生涯之间的最大区分是:工作只是你每天在做的事情,而生涯却事关你一辈子的生活方式。假使你不喜欢一份工作,只是为了"钱"而不得不与之为伍,一过就是 20 年,当有一天你猛然发觉自己的人生竟然如此贫乏,耗尽半生光阴却没有做过一件令自己快乐的事。

如果你选择自己喜欢的事去做,即使赚钱不多却乐此不疲,结果你反而会发现,由于坚持所爱,不仅让你彻底发挥了才能,甚至终能闯出一番不凡的局面。

作选择的确很难,不会有人告诉你好与坏、对错与如何选择,唯一的衡量标准就是一旦做起来感觉兴味盎然,那就对了! 不要迟疑,赶紧去找一份让你充满干劲儿的事儿来做,而且你愿意为了这

第七章 放下固执才会天地宽

件事而每天迫不及待地全力投入，那么你距离美梦成真就为期不远了。

人生本来就需要作选择，但是一定要作"对"的选择，秘诀就是"择你所爱，爱你所择"，如果一辈子不能做自己喜欢的事，岂不白活一场？

托蒂是两家规模不算太小的企业的董事长，但他却放着老板不当，半路出家演起舞台剧。

舞台上的托蒂是个十足的耍宝大王，非常放得开。据说，他曾经有过"让观众从椅子上笑得摔下来"的纪录。

起初，托蒂只是基于好玩，应邀在太太参与的妇女社团中男扮女装扮演蝴蝶夫人、老岳母等角色。有一回，他在台上表演，台下坐的来宾正好是一位著名导演，托蒂的表演才华就这样被"发掘"出来了。托蒂第一出正式的处女作是参与表演"厨房闹剧"，他在剧中饰演一名银行家，角色颇具喜剧感。托蒂兴致勃勃地招待一些企业界的朋友前去观赏，有人对他初试啼声的演技大加赞赏，有的朋友却认为他是在作践自己。

然而，托蒂并不介意别人怎样看他，他说，自己的玩心很重，"经营事业"和"演戏"这两件事，前者对他是副业，后者才是正业，他坦白地说演戏反而让他得到更多的成就感。

不像很多企业家一心只想追求利润，扩充事业规模，托蒂自称是个没有什么野心的人，"我只想让自己快乐。"他发现，企业界不乏把事业摆在第一的工作狂，但他认为，即使自己每天拼了命地工作十几个小时，业绩增长充其量不过5%、10%而已，而个人生活却彻底被牺牲了。

战事中的杰克和托蒂都得到了自己想得到的东西，他们两人的事业都有了一个在别人眼中前途无量的开始，如果他们陶醉在这"前途无量"里执著地走下去，最终只能造就一个三流演员和一个焦头烂额的小老板。

10. **外在环境不是导致你失败的借口**

有些人总是急于改善他们的环境，却从不愿意改善他们自己，因此他们无从突破。不怕自我牺牲的人永远不会失败，且必能达成他们心中所定的目标。不管是凡夫俗子或是神仙圣贤都适用这项真理。即使是以获取金钱为唯一目标的人，也一定要作出重大的牺牲才能达到他的目标。

有个很可怜的人极为焦急，认为他的环境和家庭情况应该获得改善，然而他却时时逃避他应该做的工作，并认为他有权欺骗他的雇主，因为他认为他的薪酬太低，像这样的人根本不了解这些最基本的原则就是真正成功的基础，这不仅造成了他的不幸，而且实际上也替他自己招来了严重的不幸，因为他沉迷于懒惰、欺骗及怯懦的思想之中。

有一个富人由于贪食，成为一种慢性疾病的受害者。他很愿意花费大把钞票，来医治自己的贪食症，但他又不愿放弃自己贪食的欲望。他既要满足自己贪爱丰富及非自然食品的欲望，又想保持他的健康。这种人完全不能获得健康，因为他尚未学会健康生活的第一课。

有个雇主采取欺骗的手段以避免正常发放的工资，希望以此获取更大的利润。这种人不能发达，当他发现自己的财产及名声都已破产时，他只会埋怨环境，而不知道他的情况是由自己一手造成的。

以上3种人的境遇说明了这样一个真理：人是周遭环境的制造者（虽然他几乎没有察觉到这一点），他虽然朝着一个很好的目标前进，却又不断地放纵那些与此目标不一致的思想与欲望，因而使他自己的努力受到挫折。这些例子几乎可以毫无限制地繁衍及变化下去，但这一切并非不能改善，如果你下定了决心，遵循自己的心智及生活中的思想法则，那么外在的环境就不能被拿来当做理由。

不过，环境是如此复杂，思想又是如此根深蒂固，而个人的幸福又有着如此大的变化，因此一个人的灵魂状态是无法由他人根据他生活的外在情况加以判断的（不过，他自己可能知道）。一个人可能在某些方面很诚实，然而却被贫困所折磨；另一个人在某些方面欺诈作假，却能发财致富。一般人的结论通常是这样子的：前者之所以失败，是因为他太诚实了；后者之所以发达，是因为他太不老实了。但这是肤浅的判断，它假设那个诚实的人几乎拥有全部的美德，而那个不诚实的人则几乎是完全的腐化。从更深一层的认识及更广泛的经验来看，这种判断是不正确的。那位诚实的人可能拥有另外那人没有的某些缺点，而那位不诚实的人可能拥有另一个人所没有的某种美德。诚实的人可能得到他诚实的思想及行为的美好结果，但他同时也使自己受到他恶行的痛苦折磨；不诚实的人也同样可以得到他自己的痛苦与幸福。

认为一个人因为自己的美德而受苦只不过在满足人类的虚荣心。等到一个人将他脑海中每一种病态、痛苦及不纯洁的思想连根拔除，并洗刷了他灵魂中的每一个罪恶的污点后，他才有资格宣布，他的痛苦是因为他的良好品性而非坏品性所造成的。在他向最完美的目标前进的途中，他将会发现，在他的思想与生活中发挥作用的"伟大法则"是绝对公正的，因此不能以良善酬报邪恶，也不能以邪恶酬报良善。拥有这样的认知之后，再回顾他以往的无知与盲目，那时他将知道他的生活一向是公平而合乎秩序的，而他过去的经验不管是好是坏，正是他自我演进中的公平结果。

良好的思想与行动永远不会产生坏的结果；坏的思想与行动也永远产生不了好的结果。这也就是说，玉米除了长出玉米之外，长不出别的东西；荨麻除了长出荨麻之外，长不出别的东西。人们通常能够了解自然世界中的此法则，并根据此法则行动，但在心灵及道德的世界中却很少了解它的存在（虽然在心灵及道德世界中的此法则与自然世界的法则同样简单），因此他们就无法与此法则合作。

在某些方面，痛苦总是错误思想的结果，这也说明了痛苦产生的原因，就是个人无法与他自身和谐统一，也无法与他本质的法则和谐一致。痛苦的唯一作用就是用来净化、烧毁所有无用及不纯净的事物。一个人纯净之后，就不会再感到痛苦。从烧熔的黄金中除掉无用的渣滓之后，黄金中就再也没有杂质了。一个全然纯洁及积极的人是不会感受到任何痛苦的。

人们遭遇痛苦的环境完全是他自身心灵不和谐所造成的；一个人面临愉快的环境则是其身心和谐的结果。幸福来自正确的思想，而不是丰富的物质财产；不幸来自错误的思想，而不是物质的缺乏。一个人可能遭人唾弃而仍然富裕无比；一个人可能遭人称赞却一贫如洗。只有对财富进行正确而聪明的运用，才能同时获得幸福和财富，而当一个穷人自认命运对他不公平时，他只会坠入更深的不幸中。

一个人无法获得适当的良好状态，除非他获得了幸福、健康及成功；而幸福、健康及成功是一个人和谐地调和他的外在与内心的环境所得来的。

11. 退一步方能海阔天空

老子说："深水缓流，浅水急瀑。"年轻人往往会以为前进是唯一的路，以为努力就可以成功，但只有在经历过挫折和磨炼之后才渐渐明白，其实人生的道路并不是笔直的，也可以转个弯、换个眼光或角度，甚至有时候向回走几步，人生就会有所不同。

在《伊索寓言》里，有一个北风与太阳比赛谁比较厉害的故事。大意是说，有次北风跟太阳说，他们应比一比谁的威力大，看谁能让一个朝他们走过来的人脱下他的外套，说完后，北风就使劲发威，猛力地吹，风越刮越大，只见那个人却将外套越裹越紧，并没有多大的效果。这时，太阳露出脸来，用温暖的阳光照耀着那个人，慢慢地那个人越走越热，就把他的外套脱掉了。

所以，用暴力并不能使人真正屈服，反而会适得其反，所以老子才说："坚强者，死之徒；柔弱者，生之徒。"他说，人活着的时候，身体是柔软的，死后则变得僵硬；而花草树木欣欣向荣的时候，形质是柔脆的，待到花残叶落的时候就是干枯的了。

柔弱的东西充满了生机，坚强的东西反而笼罩着死亡的气息，其实，老子的柔弱主张是针对逞强的作为所提出来的，逞强者必然刚愎自用、自以为是，世间的纷争多半是由心理状态和行为状态所

第七章 放下固执才会天地宽

产生的。

所以我们为人处世的时候，不仅要忍，还要柔，或者说柔与忍二者缺一不可。忍可匿强示弱，柔可以退为进，这才是做人处世游刃有余的法宝。就像大自然始终有两个力量在平衡，例如时钟的指针要往前进，后面的发条却要往相反的方向转。

"人若知进不知退，知欲不知足，必有困辱之累，悔吝之咎。"所以，为人处世若能以弱胜强、以退为进，就可以减少一些不必要的烦恼。当我们在人生之路上前行的时候，有时也不防停下来歇歇脚，或者转个弯，也许路会更好走。

第八章
健康是最宝贵的财富

身体是革命的本钱,健康是幸福的基础,健康包括生理和心理两方面。现今社会,在巨大的生存压力下,很多人只顾拼命向前,却忽视了自己的健康。有的人早早就有了职业病,甚至出现了"过劳死",这都是不容忽视的健康问题。心理健康也同样重要,不会舒缓内在的压力,心理就会失衡,进而觉得生活是那样的累。

1. 健康是成就一切的保障

随着社会的变革与激烈的竞争，各种矛盾、利益冲突，超常的压力使身体处于紧张状态，个人要求过高带来的心理压力，无节制地享受物质生活，生活无规律，熬夜、吸烟、酗酒、缺少运动、户外活动少等不良的生活方式，饮食不均衡带来的"营养代谢紊乱"加剧，自然环境遭到严重破坏，人的生活环境受到污染，生存条件恶化……这一切使现代人，尤其是白领阶层面临着亚健康的威胁。

健康并不是一切，但没有了健康，也就没有了一切。在追求人生的目标时，许多人都希望拥有一个健康的身体。许多人都是在失去健康、病痛缠身之后才知道健康是多么的可贵。一些在事业上取得辉煌成就的人都在四五十岁的黄金年华早早离去。当前，亚健康已经是职场的普遍现象，过劳死已经屡见不鲜，健康问题再一次成为职场中的焦点。

诚然，勤勉工作是种美德，但不应以身体作为代价。现在很多人为了尽快获得职业的发展，经常超长时间工作，甚至还经常熬夜，将工作视为生命而置自己的健康于不顾，号称职场拼命三郎。工作当然重要，但是健康是人最基本的资本，我们也不能将其忽视，如果不注意自己的身体健康，没有了健康，事业就无从谈起。

有的人认为只要加强锻炼、注意休息就不会产生健康问题了，持这种想法的人没有完全理解健康的内涵。健康不仅包括生理健康，还包括心理健康。以下是世界卫生组织给予的关于健康的十大标准。

1. 有充沛的精力，能从容不迫地担负日常生活和繁重工作，而且不感到过分紧张与疲劳。

2. 处事乐观、态度积极，乐于承担责任，事无大小，均不挑剔。

3. 善于休息，睡眠好。

4. 应变能力强，能适应外界环境的各种变化。

5. 能够抵抗一般性感冒和传染病。

6. 体重适当，身体匀称，站立时，头、肩、臀的位置协调。

7. 眼睛明亮、反应敏捷，眼睑不易发炎。

8. 牙齿清洁，无龋齿，不疼痛；牙龈正常，无出血现象。

9. 头发有光泽，无头屑。

10. 肌肉丰满，皮肤有弹性。

对比一下这 10 条标准，我们才能真正理解什么是真正的健康。也许有人说，按照这个标准，我应该在健康方面有问题，但是我确实没有感觉到任何不适，这又怎么解释呢？实际上，感觉不到并不代表就没有健康问题，很有可能是你处于亚健康的状态。

亚健康状态是健康与疾病之间的临界状态，它是社会发展、科学与人类生活水平提高的产物，它与现代社会人们不健康的生活方式及所承受的社会压力不断增大有直接关系。

医学专家经过调查发现，在我国，目前处于亚健康状态的人群大约占总人口的 60%，其中，白领阶层是亚健康的主要人群，企业管理者有 85% 以上处于亚健康状态。但这些人在医院进行化验或者影像检查时，往往找不到病因所在。

亚健康的心理症状包括焦虑和抑郁两大种。

焦虑表现为烦躁、不安、易怒、恐慌，可能伴有失眠、噩梦等症状。

抑郁表现为悲观、冷漠、无望、无助、孤独、空虚、轻率等。

亚健康的生理症状表现为：持续的或难以恢复的疲惫；睡眠障碍；头痛、头昏、眩晕；肌肉、关节疼痛，腰酸背痛、肩颈部疼痛；代谢紊乱；消化功能紊乱、食欲不好、腹胀、腹泻、便秘等。

亚健康状态容易导致癌症、心脑血管疾病等，如恶性肿瘤、高血压和毒心病等；而亚健康的突然暴发往往会引发我们所说的过劳死。研究发现，"过劳死"的前5位直接死因是冠心病、主动脉瘤、心瓣膜病、心肌病和脑出血。过劳死与一般的猝死几乎没什么不同，但它隐蔽性较强，先兆不明显。发生过劳死的人在突然死亡前往往处于亚健康状态。如今，美国疾病控制中心已正式将引发过劳死的罪魁——亚健康命名为"慢性疲劳综合征"，而亚健康人群无疑正是"过劳死"的后备军。

那么，如何才能远离亚健康呢？在日常生活中，如果能做到良好的饮食习惯与适当适量的运动，善用人体本身的免疫力与自愈力就能够抵抗疾病，永葆健康。以下是一些简单的小法则，只要照着去做，你会发现守护健康其实很简单。

1. 加强体育锻炼。运动是维持健康的重要法则，能够增强心肺功能以及身体的抵抗力，如果你没有时间运动，爬楼梯是个既简单又有长期效果的运动方式。

2. 避免熬夜。长期睡眠不足对健康有着很大的伤害。偶尔失眠一两天，可以用充足的睡眠来弥补，但真正的影响实际出现在脑部，包括记忆力与思考能力。

3. 远离尼古丁。吸烟除了影响肺部健康，使肺活量越来越低，身体容易疲劳，易遭受病毒侵犯与感染疾病外，还会造成肺气肿、脑中风、胃溃疡、肝硬化等疾病。此外，也不要忽视二手烟对身体的影响，香烟冒出的烟雾比吐出的烟更危险、毒性更强，为了自己和家人的健康，赶快戒烟吧。

4. 保持心情舒畅。微笑和大笑可以减少压力荷尔蒙，使干扰素明显增加，刺激免疫功能，免疫细胞因此变得更加活跃。大笑10秒钟，心跳的增加幅度相当于做10分钟划船运动使心跳增加的副度；笑1分钟可以让身体获得45分钟的放松。而且笑的时候胸部会释放一种化学物质，令人心旷神怡，是最佳的自然药物。

5. 自我治疗。定期体检将会提早发现你身上某些器官是否已经出现问题，有意识地自我治疗也能够起到保健的作用。

2. 戒烟其实没有那么难

虽然人们已经越来越清楚地认识到了烟草对健康的危害，但吸烟者还是在统计人群中占到了相当高的比例。世界卫生组织的一项调查显示，在工业发达国家，人的死亡有近20%都是由吸烟直接或间接造成的，因此请赶快扔掉手中的烟吧，别再让它伤害你的

健康。

有关检验结果发现，吸烟越多，体力下降越明显，血中的钙与锌离子的浓度随吸烟量的增加而下降。有研究表明，过度吸烟的人，其体内红细胞会明显增多，如长期下去，有患红细胞增多症的可能。红细胞增多症患者往往血液粘滞度较高，血液在血管中的流速减慢，易形成血栓，诱发脑卒等。

英国爱丁堡学院的研究者曾对 300 多例白内障患者进行调查发现，烟、酒是诱发白内障的重要因素。统计证实，每天吸烟两包以上者，患白内障的可能性比不吸烟者高 3 倍，经常饮酒过量者，其白内障发病率也高于一般人。

现代科学已经证明，烟草的毒素除尼古丁外，还有吡啶、氢氰酸、氨、烟焦油、一氧化碳、芳香化合物等 20 多种毒性成分，能诱发各种疾病，如癌症、心肌梗死、胃溃疡、气管炎、肺心病等，可以说全身各器官均可受害。下面就是吸烟容易引起的各种疾病。

1. 癌症

调查发现，长期大量吸烟的男性，其肺癌、喉癌、食道癌、胰腺癌及膀胱癌的发病率比不吸烟的人高 3 倍。30 多岁长年吸烟人的肺同 80 岁不吸烟人的肺差不多。英国一家癌症研究机构发表的一份报告指出，因癌症死亡的人数中有 30% 与吸烟有关，吸烟是导致肺癌的罪魁祸首。

2. 咽炎、气管炎、支气管炎、哮喘

吸烟者一般都已有了相当的岁月，所以咽炎、气管炎等发生率很高。由于继续吸烟，这些疾病便经久不能好转，并且越来越重，可引起一系列连锁反应：发生肺气肿，再影响心脏，患有肺原性心脏病，然后影响到大脑，患上肺性脑病。

3. 动脉发生粥样硬化

吸烟的人，其冠心病发病率比不吸烟的人高得多。已经患有冠心病的人可因吸烟而诱发心绞痛，甚至急性心肌梗塞，这是很凶险的病症，严重的可导致突然死亡。吸烟还可以引起血栓性脉管炎，多见于四肢末端的血管，这是因为长时期受尼古丁的刺激，血管壁增厚，管腔变窄所致。

4. 胃肠功能和分泌功能疾病

吸烟使胃液和胰液的分泌减少，食欲减退，并出现消化吸收功能障碍，吸烟还可能使消化道粘膜发生炎症。吸烟的人，其溃疡病发病率比不吸烟的人要高一倍。

很多人相信吸烟能提神，其实这只是一个错觉。吸烟者之所以感到吸烟能提神是由于烟草中的尼古丁等物质有使人成瘾的作用。吸烟者在一定时间内不吸烟就会产生不安、困倦、注意力不集中等感觉，而吸烟就会马上令他们消除这些不适，因此，抽烟有百害而无一利，既害人又害己。

现今，越来越多的女性也成了"吸烟一族"，当然其中一些人并没有烟瘾，只是觉得吸烟引人注目，给人感觉很"酷"而已，不过这样做所付出的代价是很昂贵的，因为吸烟会加速女人的衰老，让她们不再年轻。因此，为了你的如花美貌，还是放下手中的烟吧。

不管你吸烟有多久，当你停止吸烟时，几乎所有与吸烟有关的健康危险都减低了。例如，你得心脏病的概率会急速下降。经过 5 年不吸烟之后，因易患与吸烟有关疾病而早死的危险几乎减少了一半。经过 15 年不吸烟，这种危险将会完全消失。

第八章 健康是最宝贵的财富

　　事实上，大多数真正想戒烟的人是能够靠自己就能把烟戒掉的。下面这种逐步进行的戒烟过程已经证明是有效的，数以千计的人通过实行这种方法已经不再吸烟了。

　　第一步：分析你的吸烟习惯。把你通常在 24 小时期间所吸的每一支香烟及你几乎是自动点烟的时间（如每喝一杯咖啡就点一支烟，饭后一定要吸一支烟，或是开始一天的工作前点支烟）登记在一张表上，然后花上两三周时间去研究在什么时候及为什么你需要吸烟，这样你才会对自己所吸的每一口烟加以注意。这会使你越来越关心你的吸烟动作，有助于为戒烟做好准备。

　　第二步：下定决心，永不再回头。把你为什么要戒烟的理由都写下来，其中包括戒烟后有哪些好处等，例如，戒烟后你吃东西时会更好地品尝滋味、早晨不再咳嗽等。在你做出实际行动之前，应使你自己相信戒烟是值得一试的事情。

　　第三步：在日历上圈选一个日子，规定自己在这一天完全不再吸烟。这是最成功的办法，而且是使痛苦减至最少的戒除吸烟恶习的方法。如果家人或好友能跟你一起行动，在同一个时候戒烟，在戒烟期前几天最困难的日子里互相支持，抵抗烟瘾，这对戒烟是很有好处的。你也可选择在由于别的原因而改变日常生活时（例如在你去度假的时候）戒烟。有些吸烟者发现，以小题大作的方式向所有的人宣布自己要戒烟了也有帮助，这可成为你在意志衰弱时不屈服的一件值得骄傲的事情。

　　第四步：在最初的戒烟困难期内，你可以尽量使用任何代替香烟的东西，如嚼口香糖、服食抗烟丸（不需医生处方即可买到）都有帮助。如果你的手指缝间不夹支香烟就觉得很空虚的话，那你就夹支铅笔或钢笔，此外，可做本书所推荐的一种松弛运动，以缓和香烟似乎能够为你消除的那种紧张感。放弃（至少是暂时放弃）你的一些与吸烟有关联的活动对戒烟也有帮助。例如，如果你在居家附近的酒吧里喝酒时，会习惯性地点上一支烟，那你就暂时不要去酒吧。避开对吸烟有鼓励作用的情况。例如，坐火车、公共汽车及飞机旅行时选择坐在非吸烟区，这对戒烟也有帮助。

第五步：你要享受不吸烟的乐趣。别忘记了，如果你不吸烟，每周就可省下十几元或几十元钱。你可以将原本用来买烟的钱省下来去买一件你本来无力购买的东西作为对自己的奖励。

第六步：在戒烟前期的数周，尽量多吃你想吃的低热卡食物及饮料，如此一来，你的胃口一定会变得好起来。当你觉得紧张及不安时（戒除一种成瘾习惯时的自然结果），你常会被逼迫去找点儿东西来啃啃咬咬，因此你的体重可能会增加几磅。记住，戒烟的前4周是最困难的。大约过了8周之后，你对吸烟的强烈渴求感会消失，如果必要的话，此时你可以开始减少零食的摄入了。

如果你真的无法戒烟，你是否不论怎么做都无法把烟戒掉？如果是这样，你至少可进行下列的方法以减少健康受损的危险：

1. 选用低焦油牌子的香烟。

2. 少吸几支烟。

3. 每支烟少抽几口，只抽一半就丢掉。

4. 不抽的时候，不要将烟叼在嘴上。

5. 尽可能不将烟雾吞入肺里。

6. 在改抽雪茄及烟斗时要特别注意千万要尽可能不将烟雾吸入肺部。

第八章　健康是最宝贵的财富

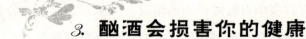

3. 酗酒会损害你的健康

除了烟之外，酒在很多人的生活中也是不可或缺的。现今社会，很少有人是不喝酒的，除非他（她）确实对酒精过敏，应酬时要喝、聚会时要喝、高兴时要喝，有了烦心事还要喝。其实适量饮酒并无害处，但如果过量就会严重损害你的健康。

酒的种类繁多，但无论什么酒都含有乙醇，即酒精，其中白酒含乙醇浓度最高。现代医学科学证实，一次饮酒过度便可引起急性酒精中毒，即发生醉酒；饮酒成癖的人，长期饮用含乙醇浓度高的酒，最终将会导致慢性酒精中毒。

急性酒精中毒，轻者可降低大脑的抑制过程，使大脑失去对低级中枢神经的控制，从而出现言语过多、兴奋等症状；重者可出现大脑的抑制逐渐扩散，低级中枢神经的功能也受到抑制，兴奋状态消失，抑制加深，于是动作失调、反应迟钝；更严重的可导致酒精中毒，可引起大脑深度抑制，出现嗜睡、昏迷，甚至可致呼吸中枢麻痹或心律不齐而死亡。

慢性酒精中毒对人的危害是多方面的：

1. 损害肝脏。由于酒精须在肝脏中分解，长期过度饮酒会造成肝功能减退，引起脂肪肝或酒精性肝硬化。研究显示，与不饮酒者相比，饮酒者患肝硬化的几率要高出 7 倍。可以说酒对肝脏的损坏主要为酒精直接对肝细胞代谢产生毒性作用。

2. 使心脏发生脂肪变性，减低心脏的弹性和收缩力，影响心脏的正常功能，促使血管硬化，诱发心脑血管疾病。

3. 引发酒精性胃炎、胰腺疾病，加剧胃溃疡而引发胃出血。

4. 影响各种维生素的吸收，造成多种维生素缺乏和营养不良症，减低肌体的抵抗力。

5. 对脑组织的危害最甚，大脑神经不断遭到破坏，久而久之便使大脑容积逐渐缩小，表现为智力、记忆力下降，常有手颤、舌颤及老年性痴呆等症状，或出现幻听、幻觉等精神反常现象。

6. 妨碍体内钙的代谢，从而造成骨质疏松。

7. 使神经系统充血，引发神经性头疼、末梢神经炎和多种眼病。

8. 诱发大肠癌。国外一项研究发现，每天饮酒的人要比不饮酒的人患大肠癌的危险性高 1 倍，而长期饮酒的人更易患大肠癌。

在这里要提醒读者的是，如果你没有良好的自制力，做不到适量饮酒，那就干脆戒掉它，总之不能让它损害了你的健康。专家提出以下几种方法，希望对戒酒人士有所帮助。

1. 不要把所有的酒藏起来。家庭成员经常找些借口试图把酒藏起来避免家人酗酒，其实大可不必这样做，要让他们亲身体会到酗酒造成的不良后果。

2. 把握劝说戒酒的最佳时机。和酗酒者交谈的最佳时机是在相关的饮酒问题刚刚提出后（比如一场激烈的家庭争论或一场事故后），选择一个他或她冷静的时候，从而让彼此有机会私下交谈。

3. 对酗酒者进行特殊关照。告诉你的家庭成员很为他或她的饮酒问题担心，必要时使用些饮酒引起危害的例子，包括最新发生的一些事件。

4. 讲述结果。向饮酒者解释如果他或她没有寻求戒酒帮助，你会怎么办？不要责备，而是要实施些措施避免出现他或她的问题，比如拒绝出席一些提供饮酒的社会活动，走出家门，远离酒精，不要做些没有考虑好的过激行为。

5. 寻求帮助。事先搜集你社区内关于戒酒治疗方面的信息。如果他或她需要帮助，立即打电话预约治疗顾问，建议首次参加治疗项目时要陪着一块去。

6. 动员朋友进行帮助。如果家庭成员仍然拒绝获得帮助，让一位朋友用上述谈话方式和他或她谈谈。刚刚战胜酗酒的朋友或许很有说服力，对有同情心和随和的人可能有助。多人或多次和他或她交谈通常很有必要的，可以逐渐使酗酒者自愿去寻求帮助。

7. 寻求联合力量。在一个医疗护理专业机构的帮助下，一些家庭和他们的亲戚朋友组成一个小组联合起来克服酗酒，这种方法的实施仅能在有经验的专业机构的指导下才能进行。

8. 获取支持。支持一些社区提供的组织，这些组织能帮助家庭成员认识到他们不仅为个人的饮酒问题负责，酗酒治疗适于许多人。但是就像一些慢性疾病，治疗起来有不同的结果。一些人停止了饮酒且努力克制自己，其他人则经过一段静止期后又开始饮酒。对于治疗者来说，有一点是必须要弄清楚的，一个人放弃酗酒时间越长，他或她保持清醒头脑的可能性越大。

4. 学会科学用脑

爱因斯坦说，人类最伟大的发现之一是对大脑潜能的认识。根据美国脑力开发与研究的调查，普通人对大脑开发和利用的比例尚不足大脑潜能的1%。这一结论一方面证明了人类在脑力方面惊人的浪费；另一方面也为我们展示了更美好的前景——仅仅利用1%的脑力，我们就赢得了如此高的成就，倘若每一个人都能把尚在酣睡中的大脑潜能开发出来，我们将会在学习能力、思考技巧、职业技能和个人发展上达到何种高度？

柏拉图曾指出："人类具有天生的智慧，人类可以掌握的知识是无限的。"而事实上也如此，根据脑科学研究表明，如果一个人的大脑全部被开发，那么他将学会40种语言，拿到14个博士学位，他的信息储存量可以是世界上最大的图书馆——美国图书馆1000万册藏书量的50倍。

科学家通过研究还发现，爱因斯坦的大脑使用量还不到10%，普通人的大脑使用量了不到5%，甚至连1%都不到。这说明大脑至少有90%的能量都被闲置浪费了。人类最大的悲剧并不是自然资源的巨大浪费，而是大脑潜能的埋没。

人人都想聪慧、机敏，并且人人都会为此而采取自认为有益、有助的措施。然而，在日常生活中，生活因素和人们的用脑习惯对大脑智力的开发却有着不利的影响。

1. 懒散而少用脑。有道是"脑子越用越灵敏"。科学合理地多用大脑能延缓神经系统的衰老，并通过神经系统对机体功能产生调节与控制作用，从而达到健脑益寿的目的。假如懒散而不常用脑，则对大脑和身体的健康都是不利的。

2. 胡思乱用脑。"脑子越用越机灵"是建立在科学用脑的基础上的，倘若过分紧张焦虑，或是不切合实际地殚思竭虑，则对大脑和身体也有不利影响。

3. 带病强用脑。在身体欠佳或患病时，勉强坚持学习或工作，不仅效率降低，而且容易造成大脑的损害，还不利于身体的康复。

4. 饥饿时用脑。有的人早晨起床晚，来不及吃早餐，或有免用早餐的不健康习惯，这样就使人一上午处于饥饿中，血糖低于正常供给水平，导致大脑的营养供应不足。若经常如此，势必有损大脑的健康和思维功能。美国学者经过实验证明，吃高蛋白早餐学生的学习成绩要明显优于进素食早餐的学生；而不吃早餐的学生，其学习成绩都较差。同理，在其他时候饥饿的情况下用脑，也会对大脑有不利影响。

5. 睡眠质量差。成年人一般每天需要有 7 小时以上的睡眠时间，并要保证睡眠的较高质量。如果睡眠时间不足或质量不高，会对大脑产生不良刺激，会使大脑的疲劳难以恢复，易发生衰老。故睡眠不足或睡眠质量差者应适当增加睡眠的时间，并设法改善睡眠状况。

6. 蒙头睡觉。有人睡觉时习惯将被子蒙住头，这样随着被窝中二氧化碳浓度的升高，氧的浓度不断下降，长时间吸入如此污浊的空气，对大脑的健康必定有害。

就像身体一样，随着年龄的增长，你的大脑也需要通过锻炼来保持健康。

杜克大学发表的一篇文章提出了一种保持大脑反应敏捷的方法——心智运动，即利用你的感官建立与大脑认知功能区域的新联系。如果有规律地采用这种简单的锻炼方法，可以使你的大脑更加敏捷，准备应对新的挑战。

这种方法是以不同的方式，利用你的一个或多个感官来集中注意力，增强日常活动能力，下面是一些实例：

1. 早晨起床后，你可以用双手来梳头、整理发型。

2. 在洗澡的时候闭上眼睛，利用你的触觉找到香皂并完成洗浴。

3. 把照片倒放在桌面或书架上。

4. 你可以到一家新的露天市场和农贸市场或面包店去体验新的视觉及听觉感受。

5. 当你到国外旅行时，你要使自己完全投入到那种不熟悉的环境中去。例如，去一个当地人的语言与你的不同的小镇，品尝新食物并与当地人一同吃住。

6. 多听音乐，热爱运动，多尝试使用左手。

7. 多做一些能训练大脑的智力题目和游戏，比如推理游戏、射击游戏、数字等。

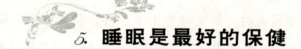

5. 睡眠是最好的保健

人不吃任何东西最多可以活 7 天，只喝水可以活一个月，不睡觉却只能活 5 天。北宋大文豪苏东坡，一生坎坷，44 岁时，因文字祸入狱，晚年又受奸臣陷害被贬。在养生方面却有许多独到之处。

苏东坡谪居黄州，坚持生活有"三养"：安分以养福，宽胃以养气，省费以养财。他倡导的"寝寐三昧"更符合养生保健之道。他说："吾初睡时，且于床上安置四体，无一不稳处。有一未稳，须再安排令稳。既稳，或有些小倦痛处，略加按摩，便闭目调息。呼吸均匀后，四肢虽痒，也不可稍动，务在定心胜之。如此食顷，则四肢百骸无不和通。睡思既至，虽寐不昏。"体稳、定心、按摩成了苏东坡的睡眠"法宝"。他还坚持早起梳理头发数百次，再按摩面部，然后穿好衣服，顿觉精神焕发、办事顺当。

人的一生中至少有 30% 的时间都是在睡眠中度过，睡眠不仅使身体得到休息、恢复体力，还能让大脑得到休息、恢复脑力。通过睡眠，人们可获得全身心的休息、恢复和调整。

由此可见，睡眠是一件多么重要的事情。睡眠质量的好坏与健

252

康息息相关，因此，国际精神卫生组织将每年的 3 月 21 日定为"世界睡眠日"。

英国大戏剧家莎士比亚曾将睡眠誉为"生命筵席上的滋补品"，可是有多少人能够大口品尝它、真正享受到睡眠的美妙呢？当前人们的睡眠现状却让人担忧。

2006 年，国内多家医院联合在北京、上海、广州、南京、成都和杭州 6 个城市进行了一次对普通人群失眠情况的调查，在 2657 名被调查者中，57% 的成年人表示自己曾经有过睡眠障碍，其中广州的失眠人群更是高达 68%。中国成年人的失眠发生率为 38.2%，明显低于大城市失眠发生率，但同样高于国外发达国家中人的失眠发生率。

睡眠问题影响着我们的身体状况和精神状态，如果我们能有高的睡眠质量，那么工作生活都将精力充沛、神采奕奕。反之，如果得不到适当的睡眠，不但会影响健康，更会给我们的工作与事业带来极大的危害，如果把治疗失眠症的所谓"间接费用"也考虑在内，总的费用支出是无法想象的：据估计，美国每年为失眠症付出的的代价为 1100 亿美元。

所以，为了你的身体健康，为了能够有充沛的精力去工作与生活，你必须每天都要保持良好的睡眠。

睡眠主要有五大作用：

1. 消除疲劳，恢复体力。睡眠是消除身体疲劳的主要方式，睡眠时体温、心率、血压下降，呼吸及部分内分泌减少，使代谢率降低、体力得以恢复。

2. 保护大脑，恢复精力。睡眠不足者，表现为烦躁、激动或精神萎靡、注意力涣散、记忆力减退等，长期缺少睡眠则会导致幻觉。而睡眠充足者、精力充沛、思维敏捷、办事效率高。这是由于大脑在睡眠状态中耗氧量大大减少，有利于脑细胞能量的储存，因此睡眠有利于保护大脑，提高脑力。

3. 增强免疫力，恢复机体功能。人体在正常情况下能对侵入的各种有害物质产生免疫反应而将其清除。睡觉能增强机体的抵抗力，还可加快各组织器官的自我修复。

4. 促进生长发育。婴幼儿的大脑发育依赖睡眠，在慢相睡眠期血浆中的生长激素可以持续数小时在较高水平，因此，要保证儿童有充足的睡眠，以促进其生长发育。

5. 有利于美容皮肤。睡眠中皮肤分泌和清除作用增强，毛细血管血流加快，促进皮肤的再生，有利于美容。

对生活紧张的现代人来说，睡个好觉也成为了奢侈的事。其实，只要懂得一些诀窍，安枕无忧到天亮其实也很简单。

1. 营造好的睡眠环境是改善睡眠质量的第一步。睡前最好先让房间通风，使卧房内的温度控制在18℃～20℃，为避免睡时喉咙或鼻子过于干燥，冬天可以在暖气上方放盆水。

2. 房间的主色调看似无关紧要，其实对睡眠影响不小。如果房内充斥着红色、橘红或鲜黄色等令人振奋的颜色，会使你不易入睡，而紫色、黄褐色或海军蓝等深暗的色调可能造成你心情沉重，最好选择淡蓝、淡绿或略带其他色彩的白色作为卧房的主色。

3. 在卧房内维持适度的阴暗与安静有助于达到深沉休息的目的。选用双层窗帘或隔音窗帘，不仅可以防止光线刺眼，还有隔音效果。如果外来噪声分贝太高，窗帘还不足以阻挡，就只有靠耳塞

别在生存中忘记了生活

了。如果噪声的来源是枕边人，不妨告诫他晚餐时少喝点儿酒，避免过度疲劳，如果对方体重不轻，就可以劝他减肥，这些都是有效抑制打鼾的方法。另外，侧睡、控制房内湿度及稍为垫高枕头都可促进呼吸顺畅，防止吵人的打呼声产生。

4. 对枕头的选择也马虎不得，高度不对，可能造成颈部生硬，不用枕头，睡起来又不舒服，最好选择支持颈椎并能使头部重量平均分散的枕头。至于枕头的硬度，可视个人喜好及睡姿而定。专家指出，习惯侧睡的人适合用质地较硬的枕头；仰睡者适用中等硬度的睡枕；如果你喜欢趴着睡，软枕是较佳的选择。花的香味可能会扰乱睡眠，绿色植物在夜里又会消耗氧气，两者都不适合放在卧房。

5. 多吃一些能促进睡眠的食物。当失眠、烦躁、睡眠不好的时候，多吃富含钙、磷的食物：含钙多的如大豆、牛奶、鲜橙、牡蛎，含磷多的如菠菜、栗子、葡萄、鸡、土豆、蛋类。在睡前吃一些富含色胺酸的食物，如香蕉、无花果、酸酪乳、全麦面包、一半葡萄柚、牛奶、小米粥等能促进睡眠。

想睡个好觉，还有其他技巧可循，譬如顺着个人生理时钟的节奏找出最合适入睡的时间；睡前泡个热水澡；不要将办公室文件、家庭开支收据或恼人的事带进卧房；喝一碗有安眠作用的药草汤剂等都可以帮助你睡个好觉。

第八章　健康是最宝贵的财富

6. 保持心理的平衡状态

人的情绪非常复杂，激动、苦恼、喜爱、害怕和生气等情绪会导致身体的化学过程发生变化，而这种变化又进而影响人的另外一些情绪。情绪对人的影响总是在不知不觉中发生的。

有很多因素能决定我们的情绪平衡，其中最主要的是我们后天养成的对生活的态度，与此相关联的是我们的生活目标。值得庆幸的是，只要我们拥有良好的生活态度和强烈的自信，并决心关注积极的事业，我们就能够调整自己的心态，保持心理健康。

学习如何保持心理健康以及使心理恢复到平衡状态对每个人都是一件十分重要的事情。心理学家为我们总结出以下这些平衡心态的方法，值得每一个追求心理健康的现代人借鉴。

1. 对自己的能力作出客观的评价

人的能力是有大小之分的，一个人的能力取决于先天的遗传素质和后天发展。虽然大部分人的能力基本差不多，但是我们应该客观地认识到，人的能力是有一定限度的，不能对自己提出过高的要求。一个心理健康的人应当能够对自己的能力作出客观的评价，把奋斗目标确定在自己的能力所能及的范围以内。确定了合适的目标，自己就能有针对性制订计划并且付出行动了。

反之，如果一个人不能客观估量自己的能力大小，盲目自信，仅凭良好的愿望和热情制订宏伟目标，到头来往往是目标落空，让个人心理上蒙受打击，并且产生挫折感。这样做的结果不仅白白耗费了精力和时光，也严重打击了自己的自信心。

2. 对他人不能有不切实际的过高期望

人们在生活、学习和工作中需要相互关心和帮助，但一个人最重要的是要有自立能力，不可能凡事都期望于他人，尤其不能有不切实际的过高期望。这是因为在现实生活中，每个人都不是完美无缺的，总会有这样或那样的不足。如果对他人期望过高，一旦事情解决不好，就会抱怨他人，自己也会备感失望，其结果不仅得罪了别人，还会使自己的心理平衡受到干扰。因此，在做各类事情时，首先应当立足自身，主要依靠自己的力量努力把事情办好，其次才可考虑寻求他人帮助的可能性。

3. 向别人倾诉自己的苦恼

生活中，人们总会遇到令人不愉快和烦闷的事情，如果长期压抑在心里，就会产生消极的情绪，对心理健康造成损害。其实，倾诉是一个消除消极情绪的好办法。当你面对上述情况的时候，你若能找机会与朋友、同事、亲友等将自己的苦闷心情倾吐出来，就会把不良情绪发泄出来，能够有效缓解或减轻压抑的心情，失去平衡的心理也可以逐步恢复正常。在倾诉郁闷的过程中，通过获得更多的情感支持和理解，你能学会一些认识和解决问题的新思路、增强面对挫折的信心等。

4. 努力扩大人际交往。

人作为社会的一员，必须生活在社会群体之中。有群体的地方

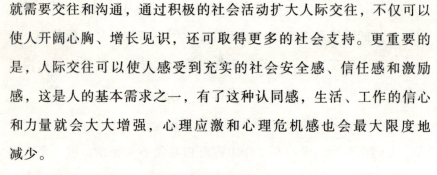

就需要交往和沟通，通过积极的社会活动扩大人际交往，不仅可以使人开阔心胸、增长见识，还可取得更多的社会支持。更重要的是，人际交往可以使人感受到充实的社会安全感、信任感和激励感，这是人的基本需求之一，有了这种认同感，生活、工作的信心和力量就会大大增强，心理应激和心理危机感也会最大限度地减少。

5. 在与他人竞争时有所选择和侧重

当今社会竞争越来越激烈，竞争意识对人们的影响也越来越大。很多人因为竞争的压力过大而产生这样或那样的心理负担。这是因为每个人的精力有限，假如你盲目地事事处处都要与他人竞争，在某些方面用自己的劣势去同别人的优势进行竞争，从而导致失败，这种情况下的挫折和打击最容易打消人的自信心。另外，事事与他人竞争还会给自己造成过度紧张，心理上承受过大的压力，长此以往，身心健康肯定会受到很大损害。

人要清楚自己的优势和劣势，在与他人竞争时，应该有所选择和侧重。有所选择，是指要发挥个人的优势；有所侧重，是指在竞争中应该把主要精力放在对自己最重要的事情上，避免分散精力去做无谓的竞争，这样一来，一方面有利于充分发挥自己的优势，有助于顺利地完成目标；另一方面也有利于保持自己的心理健康。

7. 良好的心态能解除生活中的疲劳

现代社会中，经常会听到周围的人说"活得累"。竞争的日渐激烈、工作和生活节奏的不断加快，能不累吗？压力是客观存在的，每个人都必须在既定的压力下作出选择，你可以选择唉声叹气、不思进取，也可以选择调整心态、提高自己。

有位医生在给一家企业的老总看病时，劝他多多休息，这位老总无奈地抗议说："我每天承担巨大的工作量，没有一个人可以分担一丁点儿的业务，我必须事事亲力亲为。大夫，您知道吗？每天下班后，我都得提一个沉重的手提包回家，里面都是做不完的工作呀！"

医生讶异地问道："你为什么晚上还要批那么多文件呢？"

老总不耐烦地回答："那些都是必须处理的急件。"

"难道没有人可以帮你分担吗？难道你没有助手吗？"医生问。

"别人都没那个能力，只有我才能正确地批示呀，而且还得必须尽快处理完，工作又多又急，把我压得都喘不过气儿来了。"

"这样吧，现在我开一个处方给你，你能否照着做呢？"医生最后说道。

第八章 健康是最宝贵的财富

老总接过医生的处方，只见上面写着：每天散步一个半小时，每星期空出半天的时间到墓地一次。老总觉得很不解，问道："为什么要我去墓地呢？"

医生不慌不忙地问答："我是希望你四处走一走，看一看那些与世长辞的人的墓碑。你仔细思考一下，这些人生前也与你一样，认为自己每天都有做不完的工作、尽不完的责任，如今他们全都永眠在黄土之中，可是你看现在整个地球还是永恒不断地转动着，并没有因为其中一个人的死去而有所改变。而其他的世人们仍是像你这样继续工作。我建议你站在墓碑前好好地想一想这些摆在眼前的事实。"

医生这番苦口婆心的劝说终于敲醒了这位老总，他依照医生的指示放慢了自己的生活步调，将手里的一部分工作交给下属去做，他已经知道生命的意义，因此不再急躁或焦虑了，他的心已经得到了平和，所以他不再会觉得活得累，心情好了，当然事业也蒸蒸日上。

"生活太累了！"这是很多人的感觉。其实，生活本身并不累，它只是按照自然规律、按照本身的规律在运转。不是生活太累，而是人把自己搞得太累了。心理学家认为：认为自己活得累，大多数情况下不是身体上的累，而是心理上的累，也就是他们的心理失去平衡或发生了障碍。

心累与身累有着明显的区别：身累能很快进入睡眠状态，且睡眠状态特好，一旦醒来，便觉浑身轻松，精神百倍，能够更好地投入工作中；而心累虽然十分疲乏，但睡眠质量相当不高，常常失眠，好不容易入睡了，却不是被一点儿小声音弄醒，就是被梦魇惊醒。醒来后头晕目眩，一整天都会觉得昏沉沉的，工作起来没有效率可言，而且心情也会郁闷。

工作是做不完的，你没必要为了明天的工作、下个月的指标而焦虑不安、心神不宁，不妨轻松地看待这一切，过好当前的每一天，给自己一个灿烂的笑容，让每天都活得轻松一些。时间久了，你就会发现生活并不是想象中的那么累了。

请记住，如果你改变不了周围的环境，就请改变自己吧。换一种心态、换一种角度，你就会发现生活不再那么累了。

8. 给自己减压很有必要

就像人在地面要承受大气压力，在海里要承受水的压力一样，无形的生活时时都给人以各种压力。现代社会，节奏加快、竞争激烈，人们的心理压力越来越大，精神与心理的问题越来越多，心理咨询师成了热门职业。一些人的心理承受能力是很强的，性格中的韧性是非常好的，所以在许多压力面前表现得还是很平和的。但是，压力就是压力，受到重压时，不论在身体还是在心理上都必然会有反应，只要你不是白痴。

压力往往是无形的，让人意识不到，待这些压力给人造成了损

害，人才会发现是某某事件、某某原因造成的。

正所谓"兵来将挡，水来土掩"。我们必须学会给自己减压，轻装上阵。相信读完下面专家建议的 10 个方法，你离全心追求成功的日子也就不远了。

1. 生活要有计划

生活没有计划，容易给个人造成额外的压力。如果同时要做许多事情，当然就容易导致混乱、遗忘，还总让人觉得有那么多事情没做完，加重了生活的压力。所以，如果可能的话，要为自己订个计划，让自己做到心里有底，做事时有条不紊。此外，最好能一次只做一件事，并且一次性将任务完成。

2. 正确评价自己的优缺点

将你的优点和缺点列出一张表，并让那些熟悉你并能坦率直言的朋友对这张表作出修改，然后决定自己该如何充分利用自己的每项长处并有效避免暴露缺点。

3. 克服畏惧情绪

开发潜力的关键是克服人人都会有的畏惧情绪，你可以从与工作毫不相关的小事入手。比如，主动和刚认识的朋友打招呼、独自一人去看恐怖片等。经常尝试一些你想做却不敢做的事，能让你在工作中逐渐拥有无所畏惧的魄力。

4. 让工作和生活充满秩序

有秩序的生活会使你每天头脑清醒、心情舒畅。每天下班前整理好办公桌、定期清理电脑中的文件和电子邮件都是必要的。光是看见桌上堆满了报告、备忘录和要回复的信就已足以让你产生混乱、紧张和忧虑的情绪。另外，千万不要小看家庭生活，事业的成功与否往往与家庭生活有直接关系。一个从容的早晨、一顿丰富的早餐也许就决定了你一天的心情和工作效率。没有人会觉得蓬头垢面、饥肠辘辘地赶去上班会让一天都有好心情。

5. 该玩就玩

有时候，人们需要远离生活的压力，去玩、去放松一下是一种自然且不错的减压方法。需要说明的是，应该尽可能从事那些能让自己愉快、全身心投入、忘掉一切烦恼的业余活动。不管自己有多忙，该玩就玩。

6. 改变不好的思维方式

人的思想感情与个人的观念和人生哲学有关，仔细分析一下，如果发现这些观念在一定程度上导致了不良的情绪，给你的生活带来压力，就有必要为此做出一些改变了。改变个人的人生观、处世态度有时候是很困难的，但是，哪怕只做一点儿改变，有时就可能收到意想不到的减压效果。

7. 坚持自己的价值观

一定要弄清楚自己最想要的到底是什么？金钱、富有变幻的生活、挑战的刺激还是不断超越自我？然后想想现在的工作能不能给你提供这些物质条件或精神上的感受。如果两者相去甚远，你就应该考虑变换一下工作了。

8. 保持充沛的活力

如果你是一名脑力劳动者，使你疲劳的原因很少是由于你的工作过量，大部分时候的疲劳并不是因为工作，而是因为忧虑、紧张或不快的情绪。请尝试着"假装"对工作充满热情和兴趣、微笑着去接每一个电话、在上司通知周末加班时从内心叫一声"太好了"、

每天早上都给自己打打气……千万不要认为这是很肤浅的事，这是心理学上非常重要的"心理暗示"。

10. 说出内心的苦闷来

找一个你信任并能与其自在说话的人，如朋友、亲人、要好的同事或者心理医生，向对方讲述自己的心里话。研究证明，把"闷"在心里的话说给一个乐于倾听你的人听是一种非常有效的减压方式。

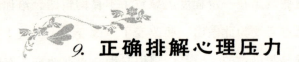

9. 正确排解心理压力

易产生心理压力的人大多是处在高薪阶层的"精英"一族，"高处不胜寒"，越往高处走，那种危机感、孤独感越重，越是要小心四周暗藏的裂缝和悬崖峭壁。然而，走到最高处始终是人生的理想和追求，拿破仑说过"不想当将军的士兵不是好士兵"，不想攀爬人生高峰的人同样是只能生活在社会最底层而得不到人们尊重的人，所以仍然要工作，仍然要奋斗。在与生活、命运抗争的过程中，你顶住了压力，面对压力快速而机敏地做出反应就比较容易获胜，相反，你会随着坍塌的山石一块滚下去。

孔子有段名言："吾十有五而志于学；三十而立；四十而不惑；五十而知天命；六十而耳顺；七十而从心所欲，不逾矩。"正如他

264

所说，千百年来，只要是有志于国、有志于家的人们，其大半辈子活得并不轻松，不管他们名望多大、权势多高，也得奋斗，也得遭遇逆境与挫折。其实，不仅是社会精英与知识分子，普通人也活得比较累。此处所谓的"比较累"，不是群体之间的比较，而是仅就"累"的程序而言。

你从小便有了职业——学生。作为学生，你要为你的目标而努力奋斗，考上重点高中、一流大学、出国深造。等你步入职场，你要尽快取得成绩，当上主管，盯住经理的位子。这不是你欲求过高，而是人性的习惯使然。当然，面对无休无止的竞争，面对别人有所成就的微笑，你就愈加"不甘心"地把自己往"累"里推，希望借此付出让自己更上一层楼。那么，面对职场中产生的压力，你是会束手无策，让其对你进攻再进攻，摧毁、再摧毁？还是学会聪明地释放过剩的压力，第二天依旧精神饱满地发起"冲锋"呢？相信，答案是不言而喻的。下面介绍几种有效的缓压方法，希望能对你所帮助。

1. 面对现实。现实生活是极其复杂的，每个人都有自己的理想和抱负，对自己有所要求。但是这种要求应该建立在实际的、力所能及的基础上。人们所以感到工作、生活受到挫折，往往是因为自我目标难以实现，于是感到自卑失望，过高的期望只会使人误以为自己总是运气不好而终日忧郁。有些人是"完美主义者"，对任何事都希望十全十美。而世界上的一切事情都不可能尽善尽美，所以应该调整自己的生活目标，客观地评价事情、评价自己，得意淡然，失意泰然，在积极向上、努力进取的同时拥有一颗坦然面对成功与失败的平常心，才能使自己心情舒畅。

2. 每个人都有各自的性情、品格和所长所短，他人不会都迎合你的意愿，就像你自己也未必符合别人的要求一样。对别人的要求越高，自己的不满情绪会越大。如果对别人的要求较低的话，那么稍微符合你的愿望你就容易得到满足。所以既不要苛求自己，也不要苛求别人。

3. 宣泄。宣泄是一种将内心的压力排泄出去，以促使身心免受打击和破坏的方法。通过宣泄内心郁闷、愤怒和悲痛的情绪，可以减轻或消除心理压力，避免引起精神崩溃，恢复心理平衡。"喜怒不形于色"不仅会加重不良情绪的困扰，还会导致某些身心疾病。因此，对不良情绪的疏导与宣泄是自我调节的一种好办法。一位运动员受到教练训斥后很沮丧，不久便引发了胃病，用药物治疗也不见效。心理学家建议他在训练中把球当教练员的脸狠狠地打，采用此法后，他的胃病果然好多了。这种不损害他人又有利于排解不良情绪的自我宣泄法可以借鉴。

然而，这种宣泄应该是合理的。简单的打打砸砸、吼吼叫叫、迁怒于人、找替罪羊（丈夫、妻子、孩子、同事）或发牢骚、说怪话等都是不可取的。宣泄应是文明、高雅、富有人情味的交流。如果把自己的烦恼、痛苦埋藏在心里，只会加剧自己的苦恼，而如果把心中的忧愁、烦恼、痛苦、悲哀等向你的亲朋好友倾诉出来，即使他无法替你解决，但是由于得到朋友的同情或安慰，你的烦恼或痛苦似乎消减了很多，这时你的心情就会感到舒畅。该哭的时候就痛痛快快地哭一场，释放积聚的能量，调整机体的平衡，大雨过后有晴空，心中的不良情绪会一扫而光。

4. 转移注意力。其原理是在大脑皮层产生一个新的兴奋中心，通过相互诱导、抵消或冲淡原来的优势兴奋中心（即原来的不良情绪中心）。当与人发生争吵时，马上离开这个环境，去打球或看电视。当悲伤、忧愁的情绪发生时，先避开某种对象，不去想或遗忘掉，可以消忧解愁；在余怒未消时，可以通过运动、娱乐、散步等活动使紧张情绪松弛下来；有意识地转移话题或做点儿别的事情来分散注意力，可使情绪得到缓解。例如，司马迁惨受宫刑而著"史家之绝唱，无韵之离骚"的《史记》；歌德因遭遇失恋才写出世界名著《少年维特之烦恼》。我们应该多接触令人愉快、使人欢笑的事物，避免和忘却一些不愉快的事。与其"不懈奋斗，孜孜以求"，最后"衣带渐宽"、面容憔悴，不如潇洒一些，干点儿快乐的事。

5. 面对困境、情绪懊丧时，不妨从相反的方向思考问题，这能使人的心理和情绪发生良性变化，得出完全相反的结论，使人战胜沮丧，从不良情绪中解脱出来。

从前，有个老太太整天愁眉苦脸：天不下雨，她就挂念卖雨伞的大儿子没生意；天下雨了，她又忧心开染房的二儿子不能晒布。后来，有个邻居对她说："你怎么就不反过来想想呢？如果下雨了，大儿子的生意一定好；如果不下雨，二儿子就可晒布。"老太太一听恍然大悟，从此不再愁眉不展。

这个故事就是反向思考的极好诠释。

对于这个问题，英国文学家萧伯纳讲得更为明确。曾有一名记者问萧伯纳："请问乐观主义者与悲观主义者的区别在何处？"萧伯纳回答："这很简单，假定桌上有一瓶只剩下一半的酒，看见这瓶酒的人如果说：'太好了，还有一半。'这就是乐观主义者。如果有人对着这瓶酒叹息：'糟糕！只剩下一半。'那就是悲观主义者。"

第八章 健康是最宝贵的财富

当我们遇到困难、挫折、逆境、厄运的时候，运用一下反向心理调节，从不幸中挖掘出有幸，使情绪由"山穷水尽"转向"柳暗花明"，从而摆脱烦恼。

压力无所不在，我们必须认真对待心理压力问题，并及时、适当地通过情绪调节来缓解心理压力，为它找个出口，它就不会给精神带来太重太大的伤害。希望上述方法能帮助你用稳定的情绪，保持健康的心态去直面纷繁复杂、瞬息万变、竞争激烈的社会。

10. 学会控制你的愤怒

从生理角度来讲，女人比男人更容易冲动、更爱发脾气，她们很难容忍不如意的事，然而坏脾气不仅会伤害他人，还会伤害自己、因此，女人一定要学会控制冲动之下的坏脾气。

生活不可能平静如水，人生也不会事事如意，人的感情出现某些波动是很自然的事情，可有些人往往遇到一点儿不顺心的事便火冒三丈、怒不可遏、乱发脾气，结果非但不利于解决问题，反而会伤害感情、弄僵关系，使原本不如意的事更加雪上加霜。与此同时，生气产生的不良情绪还会严重损害身心健康。

美国生理学家爱尔马通过实验得出了一个结论：如果一个人生气10分钟，其所耗费的精力不亚于参加一次3000米的赛跑；人生气时很难保持心理平衡，同时体内还会分泌出带有毒素的物质，对健康十分不利。

　　虽然人人都有不易控制自己情绪的弱点，但人并非注定要成为自己情绪的奴隶或喜怒无常心情的牺牲品。当一个人履行他作为人的职责或执行他的人生计划时，并非要受制于他自己的情绪。一个心态受到良好训练的人，完全能迅速地驱散他心头的阴云。但是困扰我们大多数人的却是，当出现一束可以驱散我们心头阴云的心灵之光时，我们却紧闭着心灵的大门，试图通过全力围剿的方式驱除心头的情绪阴云，而非打开心灵的大门，让快乐、希望、通达的阳光照射进来，这真是大错特错。

　　我们是情绪的主人，而不是情绪的奴隶。

　　著名专栏作家哈理斯和朋友在报摊上买报纸时，那位朋友礼貌地对报贩说了声"谢谢"，但报贩却面若冰霜，一言不发。"这家伙态度很差，是不是？"他们继续前行时，哈理斯问道。"他每天晚上都是这样的。"朋友说。"那么你为什么还是对他那么客气？"哈理斯问他。朋友答道："为什么我要让他决定我的行为？"

　　一个成熟的人能握住让自己快乐的钥匙，他不期待别人使他快乐，反而能将快乐与幸福带给别人。每人心中都有把"快乐的钥匙"，但乱发脾气的人却常在不知不觉中把它交给别人掌管。我们常常为了一些鸡毛蒜皮的事情或者无伤大雅的事情而大动肝火，当我们对着他人充满愤怒地咆哮的时候，我们的情绪就在被对方牵引着滑向失控的深渊。

　　有个脾气很坏的小男孩，动不动就乱发脾气，令家里人很伤脑筋。

　　一天，父亲给了他一大包钉子和一把铁锤，要求他每发一次脾气都必须用铁锤在家里后院的栅栏上钉一颗钉子。

第一天，小男孩就在栅栏上钉了 30 多颗钉子。但随着时间的推移，小男孩在栅栏上钉的钉子越来越少，他发现控制自己的脾气要比往栅栏上钉钉子更容易些。

一段时间之后，小男孩变得不爱发脾气了，于是父亲建议他："如果你能坚持一整天不发脾气，就从栅栏上拔下一颗钉子。"又过了一段时间，小男孩终于把栅栏上所有的钉子都拔掉了。

这时候，父亲拉着儿子的手来到栅栏边，对他说："儿子，你做得很好，可是你看看那些钉子在栅栏上留下的小孔，栅栏再也不是原来的样子了。当你向别人发过脾气之后，你的言语就像这些钉子孔一样，会在人们的心灵中留下疤痕。你这样做就好比用刀子刺向别人的身体，然后再拔出来，无论你说多少次对不起，那个伤口都会永远存在。"

不良情绪不仅会让我们身边的人无所适从，受到伤害，也会让自己受到伤害。

所以，我们应努力管理好自己的情绪，以豁达开朗、积极乐观的健康心态工作，而不是让急躁、消极等不良情绪影响我们。不要让自己的情绪影响自己的心情、影响别人的心情，做自己情绪的主人，这是一个健康乐观的人要做到的最基本一点。

如何改掉乱发脾气的坏习惯，让愤怒的情绪尽快远离我们，是幸福人生必修的课题。以下的方面值得我们借鉴。

1. **不同的怒气要区别对待**

心理学家认为，怒气的来源是不同的，比如上班前孩子的吵闹影响了母亲的情绪，或者上班路上的塞车导致心情糟糕。这种在焦虑情况下引发的怒气来得快也去得快，负面效应小，用一些简单的方法就可以化解，比如早点儿起床、妥善安排孩子、避开上班高峰期。但是另一种怒气就比较难化解了，就是那种压抑很久的情绪一触即发，已经到了忍无可忍的地步，杀伤力很大。若是这样，母亲就要找个适当的方式将它发泄出去，比如找个空旷的地方大喊，或者把愤怒全部写在一张纸上，然后撕毁，不过千万不能拿别人当出气筒。

2. 包容别人的言行

你要多想想别人有权以不同于你所希望的方式说话、办事，你就会对世事采取更为宽容的态度。对于别人的言行，你或许不喜欢，但绝不应该动怒。动怒只会让别人变本加厉，并会导致你在生理上、心理上的病症。你完全可以选择一种新的态度对待问题，从而消除愤怒。

3. 转移愤怒情绪

情绪是可以转移甚至是可以消失的，它就像一股水流，而你的心态就好像一个水沟，水沟的方向和形状决定了水流的方向和水体的形状，即情绪是激动或是平静。你要想控制情绪，就要有一个好的"情绪沟"，把情绪导向有利于自己的方向去，而不是相反。当你因某事生气，想要发怒时，最好努力使自己暂时忘记它，转移注意力，或者干脆暂时放下手上的一切，舒缓一下愤怒的心情。比如：你可以花些时间到公园或树林里走一走，享受林间、溪流或池塘的安详与静谧；你也可以轻松地享受沐浴，让清水流过脸颊、滑过身体，从而驱散所有的怒气。

4. 防止愤怒情绪的蔓延

你要少说"必须"、"一定"等硬性词，多想想以往开心的事情，

第八章 健康是最宝贵的财富

271

甚至可以和朋友开玩笑、看喜剧等，这些都能防止愤怒情绪的蔓延。

5. 使用"愤怒情绪温度计"

"愤怒情绪温度计"没有买，需要你自己设定，你可以将其刻度设定在 0 ~ 10 分，从早上开始根据自己愤怒情绪变化的大小记录自己的得分情况，比如你因为起床晚而迟到了，老板说："怎么搞的，我都看见你迟到好几次了。"你就可以一边暗自生闷气，一边给自己打出两分。上午工作时出了一个差错，被老板狠狠批评了一顿，还说要扣除这个月的奖金，你给自己打 6 分。当你这样精确地记录自己一天的愤怒情绪波动，并把具体原因写下来，记录久了，你就会发现每天导致自己愤怒情绪产生的最大原因，然后可以对症下药，克服自己的弱点，加强对愤怒情绪的控制力。

另外，你要建立自己的"愤怒情绪温度计"，以便掌握自己经常愤怒的时段和原因。一旦接近愤怒情绪高温期，你就要赶紧做准备，可以到远离人多的地方，去安静的地方待一会儿，让愤怒情绪降温。

11. 戒除你的坏习惯

人是一种习惯性的动物，无论你是否愿意，习惯总是无孔不入，渗入我们生活的方方面面。然而却很少有人能够意识到，习惯的影响力竟然如此巨大。

有调查表明，人们日常活动的 90% 源自习惯和惯性。想想看，我们大多数的日常活动都只是习惯而已。我们几点起床、怎么洗澡、刷牙、穿衣、读报、吃早餐、驾车上班等，在一天之内上演着几百种习惯。然而，习惯并不仅仅是日常惯例那么简单，它的影响十分深远，如果不加控制，习惯将影响到我们生活的方方面面。

小到啃指甲、挠头、握笔姿势及双臂交叉等微不足道的事，大到一些关系到身体健康的事，比如吃什么、吃多少、何时吃、运动项目是什么、锻炼时间长短、多久锻炼一次，等等。甚至我们与朋友交往、与家人和同事如何相处都是基于我们的习惯。说得再深一点儿，甚至连我们的性格都是习惯使然。

习惯的作用是如此的大，想改变它不是件容易的事情。

一天，一位睿智的教师与他年轻的学生在树林里散步，教师突然停了下来，并仔细看着身边的 4 植物：第一株植物是一棵刚刚冒出土的幼苗；第二株植物已经算得上是挺拔的小树苗了，它的根牢牢地盘踞到了肥沃的土壤中；第三株植物已然枝叶茂盛，差不多与年轻的学生一样高大了；第四株植物是一棵巨大的橡树，年轻的学生几乎看不到它的树冠。

教师指着第一株植物对他的年轻学生说："把它拔起来。"年轻的学生用手指轻松地拔出了幼苗。

"现在，拔出第二株植物。"

年轻的学生听从教师的吩咐，略加力量便将树苗连根拔起。最后，树木终于倒在了筋疲力尽的年轻学生的脚下。

"好的，"教师接着说道，"去试一试那棵橡树吧。"

年轻的学生抬头看了看眼前巨大的橡树，想到自己刚才拔那棵

第八章　健康是最宝贵的财富

小得多的树木时已然筋疲力尽，所以他拒绝了教师的提议，甚至没有去做任何尝试。

"我的孩子，"教师叹了一口气说道，"你的举动恰恰告诉你，习惯对生活的影响是多么巨大啊！"

故事中的植物就好像我们的习惯一样，根基越深，就越难以根除。的确，故事中的橡树是如此巨大，就像根深蒂固的习惯那样令人生畏，让人惮于去尝试而改变它。值得一提的是，有些习惯比另一些习惯更难以改变。这一点，不仅坏习惯如此，好习惯也不例外。也就是说，好习惯一旦养成了，它们也会像故事中的橡树那样牢固而忠诚。在习惯由幼苗长成参天大树的过程中，习惯被重复的次数越来越多，存在的时间也越来越长，它们也越来越像一个自动装置，越来越难以改变。

甩掉坏习惯的要诀是以好习惯代替，这样的改变往往在一个月内就可完成，办法如下：

1. 选择适当时间

事不宜迟，想改变习惯而又一再地拖延，不会有好的效果。选择一个轻松闲适的时间多尝试几次，会使坏习惯向好习惯转化。

2. 运用意愿力而非意志力

习惯之所以形成，是因为潜意识把这种行为跟愉快、慰藉或满足联系起来。潜意识不属于理性思考的范畴，而是情绪活动的中心。"这种习惯会毁掉你的一生。"理智这样说，潜意识却不理会，它"害怕"放弃一种一向令它得到安慰的习惯。运用理智对抗潜意识，简直难以制胜。因此要戒掉恶习，意志力不及意愿力有效。

274

3．找个替代品

培养一种新的好习惯，破除坏习惯就会容易得多。有两种好习惯特别有助于戒除大部分的坏习惯，第一种是采用一个有营养和调节得当的食谱。情绪不稳定使人更依赖坏习惯所带来的慰藉，所以要多吃营养品，防止因不良饮食习惯而造成血糖时升时降，有助于稳定情绪。

第二种是经常做适度运动。这不仅能促进身体健康，也会刺激脑啡（脑内一种天然类吗啡化学物质）的产生。近年科学研究指出，缓步跑的人所以感受到自然产生的"奔跑快感"，全是脑啡的作用。

4．按部就班

一旦决定改变习惯，就拟订当月的目标。要切合实际，善于利用目标的"吸引力"。如果目标太大，就把它化整为零。达成一项小目标时不妨自我奖励一下，借以加强目标的吸引力。

5．切勿气馁

获取成功值得奖励，但失败也不必惩罚。在改变习惯的时间内如果偶有失误，不要引咎自责或放弃，一次失误不见得是故态复萌。

比尔·盖茨指出，人们往往认为，重拾坏习惯的强烈愿望如果不能达到，终会成为破坏力量。然而只要转移注意力，即使是几分钟，那种愿望也会消散，而自制力则会因此加强。

避免重染旧习比最初戒掉时更困难，但是如果你能够把新形象维持得越久，就越有把握不重蹈覆辙。

第八章 健康是最宝贵的财富